W0253579

Die ökonomischen Grundlagen der Forstwirtschaft.

Ein Grundriß zu Vorlesungen

von

Dr. H. Martin,
Kgl. Preuß. Forstmeister und Professor.

Springer-Verlag Berlin Heidelberg GmbH 1904

ISBN 978-3-662-32329-8 ISBN 978-3-662-33156-9 (eBook)
DOI 10.1007/978-3-662-33156-9

Vorwort.

Die vorliegende kleine Schrift über die ökonomischen Grundlagen der Forstwirtschaft ist durch die „Bestimmungen über die Vorbereitung für den Königlichen Forstverwaltungsdienst“ vom 25. Januar 1903 veranlaßt worden. Nach § 16 dieser Bestimmungen hat das Studium des Staatsrechts, der allgemeinen Wirtschaftslehre, der Wirtschaftspolitik und Finanzwissenschaft, welches der Universität zugewiesen ist, erst nach Ablegung der forstlichen Studien und nach dem Bestehen der ersten forstlichen Prüfung zu erfolgen. Nun haben aber einzelne Teile der allgemeinen Wirtschaftslehre zweifellos den Charakter einer Grundlage für die forstliche Betriebslehre; ihr Studium muß daher dem der letzteren vorangehen. Es wurde deshalb bei den Beratungen, die dem Erlaß der genannten Bestimmungen vorangingen, als notwendig anerkannt, daß die nationalökonomischen Materien, welche eine solche grundlegende Bedeutung haben, an der Akademie in einer kurzgefaßten, zur forstlichen Betriebslehre in Beziehung gesetzten Vorlesung behandelt würden. Demgemäß wurde dem Lehrplan von Eberswalde eine Vorlesung, die den Titel dieser Schrift führt, eingefügt und der Verfasser mit der Abhaltung derselben betraut.

Der angegebenen Entstehung nach ist dieses Schriftchen nur ein kurzer Leitfaden für die Studierenden. Arbeiten dieser Art sind eigentlich nicht für die Öffentlichkeit geeignet und bestimmt, zumal wenn sie, wie die vorliegende, noch frisch und daher in wesentlichen Punkten der Verbesserung fähig und bedürftig sind. Wenn der Verfasser trotz dieser Einsicht die Schrift einem weiteren Kreise von Fachgenossen mitteilt, so bestimmt ihn hierzu hauptsächlich der Wunsch, daß die leitenden Beamten der preußischen

Staatsforstverwaltung von dem Inhalt seiner akademischen Vorlesungen, insbesondere soweit sie auf die Reinertragslehre Bezug haben, Kenntnis nehmen mögen. In der neueren Zeit sind mehrfach — nicht nur in forstlichen Zeitschriften, sondern auch in politischen Zeitungen (Nr. 47, Jahrg. 1904 der neuen preußischen Kreuzzeitung) — Kundgebungen erfolgt, die, wenn sie berechtigt wären, den Herrn Minister für Landwirtschaft veranlassen würden, den Verfasser aus seinem Amte zu entfernen, oder diesen, seine Entlassung zu erbitten. Eine eingehende Prüfung des Inhalts seitens der leitenden preußischen Forstbeamten, insbesondere der Vertreter der Ministerialbehörde, wird dem Verfasser deshalb sehr erwünscht sein.

Zugleich mit diesem Schriftchen erscheint auch ein Grundriß der Forsteinrichtung im Buchhandel. Derselbe ist gleichfalls nur ein kurzes, auf die wesentlichsten Leitsätze beschränktes Kollegheft. Er war zunächst als Manuskript gedruckt und nur zur Verteilung unter die Studierenden bestimmt. Aus Gründen ähnlicher Art wird auch dieser Grundriß jetzt einem weiteren Kreise von Fachgenossen zugänglich gemacht.

Eberswalde, im März 1904.

H. Martin.

Inhaltsverzeichnis.

Einleitung.

1. Begriff und Einteilung.

Ökonomischer Natur sind diejenigen Grundlagen der Forstwirtschaft, welche sich unmittelbar auf den Ertrag beziehen. Den wesentlichsten Inhalt der auf sie bezüglichen Lehre bildet nächst den ökonomischen Grundbegriffen, Theorien und Systemen die Erzeugung der wirtschaftlichen Güter durch die Wirkung von Arbeit, Kapital und Boden.

2. Literatur.

a) Nationalökonomen.

A. Smith, Untersuchungen über das Wesen und die Ursachen des Nationalreichtums (1776).

D. Ricardo, Grundgesetze der Volkswirtschaft und Besteuerung (1821).

Fr. List, Das nationale System der politischen Ökonomie (1841).

Rau, Lehrbuch der politischen Ökonomie (1. u. 2. Band: Volkswirtschaftslehre und Volkswirtschaftspflege).

Roscher, System der Volkswirtschaft (1. Band: Grundlagen der Nationalökonomie; 2. Band: Nationalökonomik des Ackerbaues und der verwandten Urproduktionen).

Helferich, Zeitschrift für die gesamte Staatswissenschaft, Jahrgang 1867 u. 1871, Die Waldrente; Handbuch der politischen Ökonomie von Schoenberg; 2. Band, XV, Forstwirtschaft.

b) Landwirtschaft.

J. H. v. Thünen, Der isolierte Staat in Beziehung auf Landwirtschaft und Nationalökonomie (1. Teil: Standort der Kulturarten u. Betriebssysteme: 2. Teil: Arbeitslohn u. Zinsfuß; 3. Teil: Forstwirtschaft).

c) Forstwirte.

Pfeil, Grundsätze der Forstwirtschaft in bezug auf Nationalökonomie, 1822; Kritische Blätter, Jahrgänge 1833, 1841, 1849, 1858 u. a.

Hundeshagen, Encyklopädie der Forstwissenschaft, 2. Band, Forstliche Gewerbslehre, und 3. Band, Forstpolizeilehre.

Preßler, Der rationelle Waldwirt und sein Waldbau des höchsten Ertrags, 1858; sowie andere Schriften und Artikel.

G. Heyer, Handbuch der forstlichen Statik, 1. Abteilung, Die Methoden der forstlichen Rentabilitätsrechnung, 1871.

Borggreve, Die Forstreinertragslehre, 1878.

Martin, Folgerungen der Bodenreinertragstheorie für die Erziehung und Umtriebszeit der wichtigsten deutschen Holzarten, 1894 bis 1899.

Erster Teil.

Ökonomische Grundbegriffe.

I. Wirtschaft.

1. Unter Wirtschaft versteht man die auf Hervorbringung und Verwendung von Sachgütern gerichtete Tätigkeit; unter Wirtschaftslehre die Summe der Regeln, nach welchen sachliche Güter hervorgebracht und verwendet werden.

2. Gut.

Ein Gut im wirtschaftlichen Sinne ist jeder Gegenstand, welcher zur Befriedigung menschlicher Bedürfnisse brauchbar ist; ein sachliches Gut ist ein solches, welches Gegenstand eines Vermögensrechtes sein kann. Den sachlichen Gütern sind die persönlichen Güter entgegengesetzt, welche in Eigenschaften und Fähigkeiten des Menschen bestehen. Sie haben mit der Wirtschaftslehre nur mittelbaren Zusammenhang, sind aber für die Entwickelung und den Zustand der volkswirtschaftlichen Verhältnisse überall von großer Bedeutung.

Nicht alle Sachgüter sind Gegenstand der wirtschaftlichen Tätigkeit. Es werden nicht hervorgebracht:

a) solche Güter, welche keine Besitznahme gestatten (zB. Sonnenlicht, Luft),

b) solche Güter, welche im Überfluß vorhanden sind (zB. Wasser, auf niederen Kulturstufen auch Holz).

3. Wirtschaftssubjekt.

Zu jeder wirtschaftlichen Tätigkeit ist ein Subjekt und ein Objekt erforderlich. Das Wirtschaftssubjekt ist stets eine Person, und zwar entweder ein einzelner (physische Person) oder eine Mehrheit von Personen (Familie, Gemeinde, Genossenschaft, Staat, Volk). In den meisten Wirtschaftszweigen sind, da zu ihrer Führung Unternehmungsgeist und Regsamkeit erfordert wird, Privatpersonen am besten geeignet. Der durch ihr persönliches Interesse erzeugte Wettbewerb kommt, trotz mancher Härten für einzelne, auch der Gesamtheit zugute. Den entgegengesetzten Standpunkt nehmen die Vertreter des Sozialismus und Kommunismus ein, welche alle Produktionsmittel der Gesamtheit der Arbeiter zuführen wollen (vgl. K. Marx, Das Kapital, Kritik der politischen Ökonomie, 1. Buch, Der Produktionsprozeß des Kapitals, 1867).

Eine Übernahme der Wirtschaftsführung durch Verbände (Gemeinden, Staat) ist für Betriebe angezeigt, bei welchen die Konkurrenz der Privaten schädlich wirken würde (zB. Verkehrsmittel). Auch die Forstwirtschaft zeigt in bezug auf die erforderlichen oder wünschenswerten Eigenschaften des Wirtschaftssubjekts besondere Eigentümlichkeiten. Da bei ihr die Verhältnisse der Zukunft in besonderem Grade berücksichtigt werden müssen, so eignet sie sich nur für solche Eigentümer, welche am Zustand und Ertrag des Waldes dauerndes Interesse haben. Mit Rücksicht auf die Höhe und den Wert des stehenden Holzvorrats, welcher beim nachhaltigen Betrieb unterhalten werden muß, können nur vermögende Grundbesitzer eine geordnete Forstwirtschaft, die am besten im großen betrieben wird, führen. Aus den vorstehenden Gründen und wegen der Art der Betriebsführung, die zu Spekulationen und Unternehmungen wenig Spielraum gewährt, ist der Staat als Träger der Forstwirtschaft vorzugsweise geeignet. Er vereinigt die Eigenschaften, welche für den mit hohem Kapital arbeitenden, gleichmäßig zu führenden forstlichen Betrieb erforderlich sind. Wünschenswert ist es jedoch, daß auch korporative Verbände (Gemeinden, Genossenschaften) und private Großgrundbesitzer am Waldeigentum teilhaben. Bezüglich der tatsächlichen Eigentumsverhältnisse in Preußen vgl. v. Hagen-Donner, Die forstlichen Verhältnisse Preußens, Tabelle 3. Danach entfallen von der gesamten Waldfläche 30,1 % auf die Staatsforsten, 12,5 % auf Gemeindeforsten, 1 % auf Stiftungsforsten, 2,7 % auf Genossenschaftswaldungen, 52,9 % auf Privatforsten. — Bestrebungen, den staatlichen Forstbesitz zu vermehren in Preußen u. a. Staaten.

4. Wirtschaftsobjekt.

Dasselbe ist eine Sache, nach deren Natur und Beschaffenheit die verschiedenen Zweige der Wirtschaft unterschieden werden. Die wichtigsten derselben betreffen:

a) Die Urproduktionen, die auf die Gewinnung von Rohstoffen gerichtet sind (insbesondere Land- und Forstwirtschaft).

b) Die Veredelung von Rohstoffen durch Handwerke und Fabriken (Industrie, Gewerbfleiß).

c) Die Verteilung der erzeugten Stoffe und Fabrikate (Handel).

Für die Ausbildung der sozialen und wirtschaftlichen Verhältnisse der meisten Kulturstaaten, insbesondere für die Zunahme der Bevölkerung und des Wohlstandes, ist die harmonische Entwickelung aller drei Wirtschaftszweige, die sich wechselseitig fördernd beeinflussen, eine Grundbedingung (Fr. List, nationales System, 13. Kapitel: Die nationale Teilung der Geschäftsoperationen).

Die Forstwirtschaft hat es unmittelbar nur mit der Erzeugung von Rohstoff zu tun und muß durch diese einen Reinertrag zu erzielen suchen. Da aber das Holz der weiteren Verarbeitung unterliegt und auch Gegenstand des Handels ist, so haben auch die beiden anderen Hauptzweige der Wirtschaft auf die Betriebsführung und den Ertrag der Forsten großen, mit dem Kulturfortschritt wachsenden Einfluß.

5. Wirtschaftspolitik.

Dem Staate liegt neben der eigenen wirtschaftlichen Tätigkeit die Aufsicht und Pflege der wirtschaftlichen Verhältnisse im nachhaltigen nationalen Interesse der Gesamtheit ob. Im Gegensatz zur Lehre von A. Smith, welcher die Wirksamkeit des Staates auf die Landesverteidigung, Rechtspflege und Gründung öffentlicher Anstalten beschränkt wissen will, hat der Staat allen Teilen des wirtschaftlichen Lebens eine unmittelbare oder mittelbare Pflege angedeihen zu lassen. Die ihm obliegenden wirtschaftlichen Aufgaben nehmen daher mit dem Fortschritt der wirtschaftlichen Kultur zu.

Bezüglich der Waldungen erstreckt sich die staatliche Aufsicht einerseits auf den Einfluß, welchen dieselben in physikalischer Hinsicht ausüben (Schutzwald); anderseits auf die Nachhaltigkeit der Holzproduktion. Ein gewisser Einfluß des Staates ist nach beiden Richtungen für alle Wälder wünschenswert. Es liegt jedoch in der Natur der Sache, daß der Staat die ihm obliegenden polizeilichen Aufgaben in seinen eigenen Waldungen am bestimmtesten zur Durchführung bringen kann. Hierdurch und mit Rücksicht auf die Geschichte und den tatsächlichen Zustand der Waldungen sowie ihre

Lage zu den Absatzorten und den Vermögensstand der Besitzer ergeben sich gewisse Unterschiede in der Bewirtschaftung des Waldes nach den Eigentumsverhältnissen, die in der Regel dahin gehen, daß die staatlichen Waldungen konservativer bewirtschaftet werden, als diejenigen anderer Eigentümer. Ein allgemeiner Gegensatz der Wirtschaftsprinzipien von staatlichen und nicht staatlichen Waldungen läßt sich hieraus jedoch nicht ableiten. — Mit der Zunahme des nationalen und internationalen Verkehrs erhalten endlich die wirtschaftspolitischen Beziehungen zum Ausland (Zollpolitik) und die Herstellung guter Beförderungsmittel (Eisenbahnen, Kanäle), die Aufgabe des Staates ist, auch für die Forstwirtschaft wachsende Bedeutung.

6. Wirtschaftssysteme.

In der wirtschaftlichen Entwickelung der neueren Zeit treten mehrere, scharf voneinander geschiedene Systeme hervor, denen sich zwar nicht alle Erscheinungen des Wirtschaftslebens unterordnen, die aber doch für die Bestrebungen und Zustände der modernen Kulturvölker charakteristisch sind:

a) Das Merkantilsystem. Hauptvertreter: Colbert (1619 bis 1683). Es entstand infolge der Entdeckungen goldreicher Länder in Amerika, durch die der Wohlstand der an denselben beteiligten Völker rasch gehoben wurde. Grundlegend für das System ist die Annahme, daß der Wohlstand der Nationen durch den Besitz an Edelmetall bestimmt werde. Dieser muß daher, um ein Volk wirtschaftlich zu heben, möglichst gesteigert werden. Da eine Vermehrung des Edelmetalls in einem Lande, das keine eigenen Gold- und Silberminen besitzt, nur durch den Überschuß des Wertes der ausgeführten über den der eingeführten Waren herbeigeführt werden kann (Handelsbilanz), so sind Handel und Industrie nach Möglichkeit zu begünstigen. Nur verarbeitete Waren durften ausgeführt werden. Der Einfuhr von Rohstoffen wurden keine Schranken gesetzt. Die Zwecke des Merkantilsystems sollen durch Handelsverträge und Zölle verschiedener Art erreicht werden.

Handel und Gewerbfleiß sind durch die vom Merkantilsystem beherrschte Richtung der wirtschaftlichen Politik in hohem Maße gefördert worden. Die Bodenkultur geriet dagegen durch die einseitige Begünstigung der Industrie in Verfall. Die Forstwirtschaft wurde nicht als selbständiger Wirtschaftszweig, sondern nur als eine Hilfsanstalt für den Gewerbfleiß angesehen.

b) Das physiokratische System. Hauptvertreter: Quesnay (1694—1774). Im stärksten Gegensatz zu a wurde der Satz aufgestellt, daß das reine Einkommen eines Volkes nur durch den Landbau erhöht werde, „que la terre est l'unique source des richesses“. Alle anderen Wirtschaftszweige erscheinen als unproduktiv; ihre Vertreter bilden „la classe stérile“. Die Landwirtschaft ist deshalb vor allem zu begünstigen. Und da ihrem Betriebe Beschränkungen jeder Art hinderlich sind, so muß die Wirtschaft von allen Fesseln und Lasten befreit werden. Die einzige Steuer soll die Grundsteuer sein.

Die Unrichtigkeit des physiokratischen Systems ist durch die Entwickelung aller neueren Kulturvölker praktisch erwiesen. Es erscheint für die Forstwirtschaft, wenn man diese isoliert, für sich allein betrachtet, nicht ungünstig und befindet sich mit derjenigen Richtung in Übereinstimmung, welche die Erzeugung des größten Waldreinertrags, ohne Rücksicht auf die anderweite Produktivität des forstlichen Betriebskapitals, zum Wirtschaftsziele aufstellt (vgl. Borggreve, Die Forstreinertragslehre, S. 228). Da jedoch die Forstwirtschaft, sofern es sich um das leitende ökonomische Prinzip der Betriebsführung handelt, nicht für sich allein, sondern in Zusammenhang mit anderen Wirtschaftszweigen beurteilt werden muß, so darf das physiokratische System auch der Forstwirtschaft nicht zugrunde gelegt werden.

c) Das System von A. Smith (irrtümlich auch Industrie-System genannt). Smith (1723—1790) lehrt, daß alle wirtschaftlichen Güter durch die vereinigte Wirkung von Arbeit, Kapital und Boden erzeugt werden und daß alle Wirtschaftszweige (Bodenkultur, Gewerbfleiß und Handel) produktiv sind. Deshalb darf keine einseitige Begünstigung einzelner Wirtschaftszweige stattfinden. Die Wirtschaftsführung soll den Privaten überlassen bleiben. Der Staat hat sich derselben zu enthalten. Alle Hemmungen in der freien Entwickelung der wirtschaftlichen Verhältnisse sollen aufgehoben werden.

Die theoretischen Grundlagen des Systems haben allgemeine bleibende Bedeutung. Für die Forstwirtschaft ergibt sich aus dem Smithschen System, daß sie stets unter Berücksichtigung ihrer Beziehungen zu anderen Wirtschaftszweigen und zur Volkswirtschaft in ihrer Gesamtheit betrieben werden soll.

Gegen die unbeschränkte Handelsfreiheit, die Smith lehrte, trat Fr. List (nationales System) auf. Er wies nachdrücklich darauf hin, daß in der Wirtschaftspolitik stets der nationale Standpunkt einzuhalten sei, im Gegensatz zur kosmopolitischen Richtung von A. Smith. Die Förderung der nationalen Interessen verlangt unter Umständen, insbesondere beim Verkehr zwischen Völkern, die gleiche Produkte unter verschiedenen Bedingungen erzeugen, Schutz gegen die unbeschränkte Einfuhr (preußisches Zollgesetz von 1818; Der deutsche Zollverein, seine Ursachen und Folgen).

Gegen den Grundsatz der privaten Wirtschaftsführung, die Smith auf allen Gebieten vertritt, richteten sich die Vertreter des Sozialismus und Kommunismus (St. Simon, Fourier, L. Blanc, Babeuf, Marx u. a.).

7. Wirtschaftsgeschichte.

Die Anfänge der Wirtschaft haben bei den meisten Völkern Jagd und Fischerei gebildet. An diese Wirtschaftsstufen schließt sich die Viehzucht an. Dann folgt der Ackerbau, der auf den mittleren Kulturstufen der meisten Völker den wichtigsten, oft fast ausschließlichen Erwerbszweig bildet. Später entwickeln sich Handel und Gewerbfleiß. Sie machen mit der zunehmenden Kultur einen fortgesetzt wachsenden Anteil des nationalen Einkommens aus. Gewerbfleiß und Bodenkultur fördern sich wechselseitig.

Für die geschichtliche Entwickelung der Landwirtschaft gilt die allgemeine Regel, daß sie beim Fortschritt der volkswirtschaftlichen Kultur intensiver, unter Aufwendung einer größeren Menge von Arbeit und Kapital, betrieben wird. Hiernach sind die wichtigsten landwirtschaftlichen Betriebssysteme zu unterscheiden (Verbindung des Ackerbaus mit ständiger Weide, Ackerwirtschaft mit wechselnder Brache, Fruchtwechselwirtschaft, Anzucht von Handelsgewächsen, Gartenkultur der Großstädte).

Auch für die geschichtliche Entwickelung der Forstwirtschaft gilt die Regel zunehmender Intensität. Sie findet ihre Begründung in der Steigerung des Verbrauchs an Forstprodukten und dem Teuererwerden des Bodens. Die Intensitätszunahme erfolgt sowohl hinsichtlich der aufzuwendenden Arbeit (Kulturverbände, Gründlichkeit der Bodenlockerung, Verwaltungs- und Schutzkosten, Wegebau) als auch hinsichtlich des zu unterhaltenden Betriebskapitals.

II. Wert.

1. Unterscheidungen.

Der Grad der Brauchbarkeit eines Gutes für wirtschaftliche Zwecke heißt sein Wert. Die Brauchbarkeit besteht entweder in der unmittelbaren Verwendung des Gutes zur Befriedigung eines Bedürfnisses, oder in seiner Fähigkeit, als Gegengabe für ein anderes Gut zu dienen. Die erste Art des Wertes heißt Gebrauchswert, die andere Tauschwert.

Der Gebrauchswert kann entweder ein Verbrauchswert sein, wenn der Gegenstand, auf den er sich bezieht, der Verzehrung unterliegt (zB. Lebensmittel), oder ein Benutzungswert bei allmählicher Abnutzung (zB. Kleider, Möbel), oder ein Erzeugungswert, wenn ein Gut zur Hervorbringung anderer Güter verwendet wird (zB. der Boden, der in der Regel nach seinem Erzeugungswert geschätzt wird). Der Gebrauchswert eines Gutes hängt von der Summe der Eigenschaften ab, die es zur Befriedigung eines menschlichen Bedürfnisses geeignet machen. Beim Holze sind dies die technischen Eigenschaften und die Dimensionen. (Näheres Forstbenutzung.)

2. Maßstab des Tauschwertes oder Preises.

Auf den frühesten Stufen der wirtschaftlichen Kultur werden die verschiedenen Sachgüter unmittelbar, ohne Vermittelung eines Tauschwerkzeugs, gegen einander ausgetauscht. Später bildet sich ein bestimmtes Umlaufsmittel aus, das zugleich als Preismaßstab dient (Felle, Häute, Schafe, Rinder u. a.). Erfordernis eines guten Preismaßstabes ist, entsprechend den Eigenschaften der geometrischen Maßstäbe, daß er innerhalb der zeitlichen und räumlichen Schranken seiner Anwendung möglichst geringen Veränderungen unterliegt. Bei wirtschaftlich kultivierten Völkern kommen folgende Wertmaßstäbe vor:

a) Die edlen Metalle. Für die Vergleichung der Tauschwerte von Sachgütern während kurzer Zeiträume oder zwischen zwei nahen Zeitpunkten sind die edlen Metalle wegen ihres geringen Volumens, ihrer Haltbarkeit, geringen Abnutzung, ihrer leichten Teilbarkeit und Brauchbarkeit zu Luxusgegenständen, der geringen Kosten ihres Transports und der Gleichmäßigkeit der Gewinnungskosten am besten geeignet. Aus analogen Gründen ist auf höheren Kulturstufen Gold ein besserer Wertmaßstab als Silber.

b) Getreide. Für die Vergleichung von Tauschwerten während sehr langer Zeiträume oder in weit auseinander liegenden Zeitpunkten ist Getreide der beste Wertmaßstab, weil sich die Produktionskosten beim Hauptnahrungsmittel der zahlreichsten Volksklassen im Laufe langer Zeiträume am wenigsten verändern. Der Getreidewert ist aber nicht nach den Ergebnissen einzelner Jahre, sondern nach dem Durchschnitt mehrerer, auf einander folgender Jahre zu ermitteln. Mit den Getreidepreisen stehen die Tagelöhne gewöhnlicher Handarbeiter in ursächlichem Zusammenhang.

c) Als Maßstab für die Tauschwerte der Güter ist in der nationalökonomischen Literatur ferner die Arbeit in Vorschlag gebracht worden; und zwar entweder diejenige Arbeitsmenge, welche auf die Erzeugung des betreffenden Gegenstandes verwendet ist (vgl. Ricardo, Grundgesetze, 4. Hauptstück), oder diejenige Arbeitsmenge, welche mit dem betreffenden Wirtschaftsgut erworben werden kann (vgl. A. Smith, Quellen des Volkswohlstandes, 1. Buch, 5. Kap.). In beiden Fällen ist jedoch der Wert der Arbeit keine bestimmte gleiche Größe; auch läßt er sich aus dem Gange der Produktion meist nicht bestimmt nachweisen.

Einen richtigen und allgemein brauchbaren Maßstab des Tauschwertes gibt es nicht. Für die meisten Aufgaben der forstlichen Betriebslehre und Rentabilitätsrechnung bilden aber die Edelmetalle einen genügenden Preismaßstab.

3. Verhältnis von Gebrauchs- und Tauschwert.

Beide Wertarten sind nach manchen Richtungen verschieden und müssen deshalb theoretisch und praktisch getrennt gehalten werden: Der Tauschwert wird durch die Kosten der Erzeugung bestimmt, während diese Kosten auf den Gebrauchswert ohne Einfluß sind; Veränderungen in den Preisen haben keine Veränderungen bezüglich der Art des Gebrauchs zur Folge; manche Güter besitzen Gebrauchswert, ohne Tauschwert zu haben (Wasser, auf niedrigen Kulturstufen auch Holz). Trotz dieser Verschiedenheiten stehen Gebrauchs- und Tauschwert nicht in einem Gegensatz. Vielmehr hat der Tauschwert den Gebrauchswert zu seiner notwendigen Voraussetzung und ist von ihm abhängig. Die Unterschiede zwischen Gebrauchs- und Tauschwert werden u. a. stark betont von Rau (Polit. Ökonomie, 8. Aufl., § 64—66; Marx, Das Kapital, S. 3; Borggreve, Forstreinertragslehre, S. 85 ff. u. 227).

Ohne Gebrauchswert zu besitzen, kann kein Sachgut Gegenstand der Wirtschaft sein. Bezüglich des Tauschwertes ist dies nicht der Fall; es gibt Wirtschaften, in denen ein Austausch nicht vorkommt (zB. manche bäuerliche Ackerwirtschaften, die nur zum eigenen Bedarf produzieren, kleinere Genossenschaftswaldungen, in denen das eingeschlagene Holz unter die Besitzer, die es selbst gebrauchen, verteilt wird). Mit dem Fortschritt der wirtschaftlichen Kultur (Ablösung der Servituten u. a. Lasten, Aufhebung geteilten Eigentums, Verbesserung der Transportmittel, Entwickelung des Handels) gewinnt jedoch auch in der Forstwirtschaft der Tauschwert zunehmend an Bedeutung, sowohl für die Geschäftsführung (Holztaxen, Holzabgabe) als auch für die Forsteinrichtung und Rentabilitätsrechnung (Wertzuwachs, Umtriebszeit).

4. Die Bestimmungsgründe des Tauschwertes.

a) Im allgemeinen. Die obere Grenze, welche der Preis eines Sachgutes erreichen kann, bildet der Wert, welchen es für den Käufer hat; die untere Grenze bilden die Erzeugungs- oder Anschaffungskosten des Verkäufers. Auf diese Kosten hat aber auch der Käufer bei seiner Wertschätzung Rücksicht zu nehmen. Die hiernach den allgemeinsten Bestimmungsgrund für die Preise bildenden Erzeugungskosten setzen sich zusammen aus den für die Produktion aufgewendeten Arbeitslöhnen, den in das Produkt übergegangenen Rohstoffen (dem sog. umlaufenden Kapital), aus dem Betrag für die Abnutzung und den Zins des verwendeten festen Kapitals (Arbeitstiere, Werkzeuge, Maschinen, Gebäude usw.) und der Rente des benutzten Bodens. Diese Produktionskosten plus einem mittleren Gewinn (ohne den keine Produktion stattfinden würde) bilden den Maßstab für den natürlichen (oder normalen) Preis der wirtschaftlichen Güter. In den Einzelfällen, mit denen es die praktische Wirtschaft zu tun hat, ergeben sich zeitliche und örtliche Schwankungen der Preise, die auf das Verhältnis von Angebot und Nachfrage zurückzuführen sind. Die hieraus sich ergebenden sog. Marktpreise weichen von den natürlichen, den Produktionskosten entsprechenden Preisen in stärkerem oder schwächerem Grade ab, suchen sich ihnen aber zu nähern (Gravitation der Preise). Je nach dem Grade, in welchem die wirklichen Preise von den normalen abweichen, sind zu unterscheiden:

1. Güter, welche in beliebiger, dem Bedarf entsprechender Menge erzeugt werden können (die meisten Erzeugnisse des gewerblichen Lebens).

2. Güter, bei welchen die menschliche Tätigkeit nur auf die durchschnittliche Menge einwirken kann (die landwirtschaftlichen Erzeugnisse).

3. Güter, auf deren Entstehung der Einfluß menschlichen Fleißes beschränkt oder zweifelhaft ist (Holz).

4. Güter, auf welche menschlicher Fleiß keinen Einfluß hat (seltene Erzeugnisse der Natur und Kunst).

b) In der Forstwirtschaft. Beim Holze erleiden die allgemeinen Regeln der Preisbildung eine Änderung durch die lange Dauer, welche zwischen der Begründung und Ernte der Bestände liegt. Durch diese erhalten manche äußere Verhältnisse auf die Preise Einfluß, die mit der Wirtschaft selbst nicht in Zusammenhang stehen. Eine unmittelbare Anpassung der Produktion an die Bedürfnisse der Konsumenten wird dadurch unmöglich.

Infolge der Abnahme der Wälder und der Zunahme des Verbrauchs an Forstprodukten, die beim Wachstum der Bevölkerung und den Fortschritten der wirtschaftlichen Kultur eintritt, haben die Holzpreise im allgemeinen eine steigende Tendenz. Für Preußen vgl. v. Hagen-Donner, Forstliche Verhältnisse, Tabelle 8, 9, 31.

5. Die Darstellung der Holzpreise.

Eine gute Statistik der Holzpreise ist in wirtschaftlicher und praktischer Beziehung von Bedeutung. Ihre Aufstellung erfolgt für größere oder kleinere Wirtschaftsbezirke (Oberförstereien, Regierungsbezirke, ganze Staaten) für die vorkommenden Hauptholzarten geordnet nach:

a) Sortimenten. Eine nach Sortimenten dargestellte Preisnachweisung wird in geordneten Forstverwaltungen in der Regel jährlich auf Grund der Ergebnisse der Verwaltung gefertigt. Nach dem Durchschnitt einer Reihe von Jahren werden Taxen (Revierpreise) aufgestellt. Um aus der Preisstatistik wissenschaftlich und praktisch brauchbare Resultate zu erlangen, ist es erforderlich, daß die Sortimente nach der Verwendungsfähigkeit des Holzes gebildet werden, die von seinen technischen Eigenschaften und Dimensionen abhängig ist. (Näheres Forstbenutzung.)

b) Alter und Standort. Um den Gang des jährlichen oder periodischen Wertzuwachses darzustellen, sind die Preise des Durchschnittsfestmeters oder des wichtigsten Sortiments (Stammholz) für die einzelnen Altersstufen nachzuweisen. Dabei hat eine Trennung nach Standortsklassen und, wenn der Einfluß der Durchforstungen und Lichtungen nachgewiesen werden soll, auch nach der Erziehung der Bestände zu erfolgen.

c) Eine Darstellung der Preise der wichtigsten Sortimente (Stammholzklassen) für verschiedene Wirtschaftsgebiete und verschiedene Zeiträume ist für viele Aufgaben der Forstverwaltung und Forstpolitik eine wichtige Grundlage.

6. Einfluß der Preise auf die Wirtschaftsführung.

Wie auf jedem Wirtschaftsgebiet sind auch in der Forstwirtschaft die Preise der Produkte von Einfluß auf die Betriebsführung. Hohe Holzpreise haben einen günstigen Einfluß auf den Kulturbetrieb, auf die Hiebe der Bestandespflege, auf den Beginn und die regelmäßige Ausführung der Durchforstungen und die Möglichkeit der Rodung. Das Preisverhältnis zwischen starkem und schwachem Stammholz hat Einfluß auf die Grade der Durchforstung, auf die Zeit und den Grad der Lichtungen, die Höhe der Umtriebszeit und das ökonomische Verhalten der Betriebsarten. Je anhaltender die Zunahme des Wertes ist, um so höher steigt cet. par. die Umtriebszeit. Auch bei der Aufstellung und Ausführung der jährlichen Hauungspläne müssen die Preise berücksichtigt werden.

Zweiter Teil.

Die Erzeugung der wirtschaftlichen Güter.

Die Entstehung neuer oder die Erhöhung vorhandener Werte kann zwar auch unabhängig von wirtschaftlicher Tätigkeit durch äußere Verhältnisse (Zunahme der Bevölkerung, des Wohlstandes, Verbesserung der Verkehrsmittel, Erfindungen usw.) erfolgen. Eine planmäßige wirtschaftliche Erzeugung kommt jedoch in der Regel nur durch das Zusammenwirken der Produktionsfaktoren: Naturkraft, Arbeit, Kapital und Boden zustande. In bezug auf die Art der Wirksamkeit dieser Faktoren in der Forstwirtschaft sind folgende Eigentümlichkeiten derselben von Bedeutung:

1. Zur Erzeugung der Forstprodukte ist die Natur in höherem, die Arbeit in geringerem Maße wirksam, als bei der Hervorbringung der meisten anderen Rohstoffe.

2. Durch die Erzeugung und Nutzung des Holzes, für deren Menge der jährliche Durchschnittszuwachs an Gesamtmasse den Maßstab bildet, werden dem Boden weniger anorganische Stoffe entzogen, als durch die landwirtschaftlichen Kulturgewächse[1]); auch machen die meisten im großen angebauten deutschen Holzarten geringere Ansprüche an die physikalischen Eigenschaften des Bodens und an die Lage.

3. Die forstlichen Erzeugnisse bedürfen sehr langer Zeiträume zu ihrer Reife.

4. Die Forstprodukte haben ein größeres Volumen und ein größeres Gewicht als die Erzeugnisse der Landwirtschaft von gleichem Wert (Beisp.: Getreide und Bauholz).

---

[1]) Lit.: Wolff, Aschen-Analysen von land- u. forstwirtschaftlichen Produkten; Ramann, Forstliche Bodenkunde u. Standortlehre, § 80—82; Borggreve, Holzzucht, 2. Auflage, Einleitung.

Die genannten Eigenschaften haben zur Folge, daß die Wälder die in physikalischer und ökonomischer Hinsicht am ungünstigsten gelegenen Flächen einnehmen, daß alle Verhältnisse und Maßnahmen der Forstwirtschaft eine lange dauernde Wirkung ausüben, daß eine eigentliche Forstwirtschaft sich erst spät ausgebildet hat und daß für die Forsten noch Einrichtungen zeitgemäß sein können, welche der Landwirtschaft nicht mehr entsprechen.

Erster Abschnitt.

Naturkräfte[1]) als Quellen der Gütererzeugung.

Sie begreifen die Summe der natürlichen Kräfte, welche für das Zustandekommen wirtschaftlicher Produktionen eine notwendige Grundlage bilden. Es kommen hauptsächlich in Betracht: Luft, Licht, Wärme, Feuchtigkeit.

I. Luft.

Sie ist (abgesehen von Unterschieden im Feuchtigkeits- und Kohlensäuregehalt und von Verunreinigungen durch Grubengase und Hüttenrauch) überall gleichmäßig und in genügender Menge vertreten. Sie bleibt daher bei der ökonomischen Wertschätzung der Produktionsfaktoren unberücksichtigt. Von besonderem Einfluß auf den Ertrag des Waldes wird die Luft, wenn sie sich in starker Bewegung befindet. Die Stürme schaden um so mehr, je länger die Bestände sind, je höher die Kronen angesetzt sind und je lockerer und flachgründiger der Boden ist. Auf Standorten und bei Holzarten, die der Sturmgefahr in besonderem Grade ausgesetzt sind, muß die Führung der ganzen Wirtschaft der Rücksicht, Sturmgefahr zu vermeiden, untergeordnet werden (Beisp.: Hiebsfolge, Durchforstung, Lichtung bei der Fichte).

II. Licht.

Licht ist eine Grundbedingung alles höheren organischen Lebens. Die Bildung und Tätigkeit grüner Blätter sowie die Blüten- und Samenbildung ist von seiner direkten Einwirkung abhängig. In

---

[1]) Ihre eingehende Behandlung in naturwissenschaftlicher Richtung ist Gegenstand besonderer Vorlesungen. Hier wird nur insoweit auf sie Bezug genommen, als es zur Begründung ihres unmittelbaren Einflusses auf den Ertrag erforderlich erscheint.

der Forstwirtschaft ist die natürliche Verbreitung der Holzarten im Plenterwalde, sowie die Schlagstellung bei der natürlichen Verjüngung und die Menge des zustande kommenden Zuwachses vom Lichte abhängig.

1. Für die natürliche Verbreitung der Holzarten in gemischten Beständen ist die Fähigkeit, bei Abhaltung unmittelbaren Lichtgenusses zu wachsen, eine der wirksamsten Waffen im Kampfe ums Dasein. Je größer diese Fähigkeit ist, um so früher kann sich eine Holzart im natürlichen Plenterwald einfinden und unter dem vorhandenen Schirme fortwachsen (Beisp.: Das Vordringen der Tanne im natürlichen dunkeln Plenterwalde; Der Rückgang der Eiche in Mischung mit der Buche bei gleichmäßigen Schlagstellungen).

An sich hat das Licht für das Wachstum aller Holzarten in allen Altersstufen einen günstigen Einfluß. Da jedoch durch seine Einwirkung die Entwickelung der überall sich einfindenden Standortsgewächse in weit stärkerem Grade gesteigert wird als diejenige junger Waldbäume, so kann das Licht auf diese indirekt, durch Erzeugung einer starken anderweiten Bodenvegetation, einen zerstörenden Einfluß ausüben. Die Regeln der Naturverjüngung sind deshalb, soweit sie auf den Lichtgrad Bezug haben, dahin zu richten, daß der Konkurrenzkampf zwischen den Jungwüchsen und den Schlagunkräutern zugunsten der ersteren geleitet wird. Zugleich wird durch die Erhaltung einer Beschirmung den nachteiligen Einflüssen, welche Frost und Hitze ausüben, entgegengetreten. Die Dauer, bis zu welcher die Abhaltung des Lichtes wünschenswert oder notwendig erscheint, ist nach dem Jugendwuchs und der Empfindlichkeit der Holzarten sehr verschieden (Tanne, Buche, Fichte, Eiche, Kiefer, Lärche).

2. Zur Erzeugung eines Zuwachsmaximums ist erforderlich, daß eine möglichst große Menge von Vegetationsorganen der unmittelbaren Einwirkung des Sonnenlichtes ausgesetzt wird. Die Forderung, diese Bedingung zu erfüllen, führt zunächst dahin, daß die zur Holzzucht bestimmten Flächen voll bestockt sein sollen. Aber auch bei voller Bestockung kann die Menge der dem Lichte ausgesetzten Vegetationsorgane verschieden sein. Zu einer Vermehrung derselben kann einmal eine gestreckte Form der Baumkrone, sodann eine Wölbung derselben beitragen. Es ist hiernach erklärlich, daß die höchsten Zuwachsbeträge einmal unmittelbar nach der Periode des stärksten Höhenwuchses stattfinden, sodann infolge von schwächeren Unterbrechungen des Kronenschlusses, welche ein Strecken der

Seitentriebe und eine Wölbung der Krone zur Folge haben (Beispiele hoher Zuwachsleistungen: kräftige Durchforstungen im Stangenholzalter, Lichtungshiebe, Vorbereitungs- und dunkle Besamungsschläge, Plenterwald mit guter Verteilung wüchsiger Stammklassen, Mittelwald mit reichem, nicht zu altem Oberholz).

III. Wärme.

Die Bestimmungsgründe für die einem Standort eigentümliche Wärme sind die geographische Länge und Breite, die Erhebung über dem Meere, die Neigung nach der Himmelsgegend, die Nähe großer Wasserflächen und andere Verhältnisse der Umgebung, welche einen Schutz gegen Kälte gewähren, aber auch den Abzug kalter Luft verhindern können. Sowohl die Wärmesumme, welche nach der jährlichen Durchschnittstemperatur bemessen wird, als auch die Verteilung der Wärme nach Jahres- und Tageszeiten ist von Einfluß auf das Vorkommen und die Entwickelung aller Pflanzenarten. In der Forstwirtschaft ist die Wärme stets ein wesentlicher Faktor bei der Bonitierung des Standorts; sie ist ferner von Einfluß auf manche technische Betriebsmaßnahmen und auf die Höhe des Ertrags.

1. Jede Holzart hat ein bestimmtes natürliches Verbreitungsgebiet, das durch eine gewisse Wärmeverteilung ausgezeichnet ist. In den mittleren Lagen ihres natürlichen Verbreitungsgebiets verhalten sich die Holzarten nach allen wesentlichen Richtungen günstiger als in der Nähe ihrer beiderseitigen horizontalen und vertikalen Grenzen.

2. Bei der Wirtschaftsführung tritt der Einfluß der Wärme in erster Linie durch die Möglichkeit und den Erfolg der natürlichen Verjüngung hervor (Häufigkeit der Samenjahre bei Eiche und Buche in Nord- und Süddeutschland, Frankreich u. a. Ländern). Auf ungenügende Wärme sind ferner zahlreiche Schäden des Holzes zurückzuführen, welche durch Spät- und Frühfröste veranlaßt werden. In gemischten Beständen ist das gegenseitige Verhalten mancher Holzarten und die Möglichkeit, die eine gegenüber der anderen zu begünstigen, stets von der Wärme des Standorts abhängig.

3. Auf den Zuwachs hat die Zunahme der Wärme wegen der mit ihr verbundenen längeren oder intensiveren Vegetation zunächst einen positiven Einfluß. Da aber eine das Bedürfnis der Holzarten übersteigende Wärme ein verstärktes Auftreten anderer Holzarten und Standortsgewächse sowie eine frühere und stärkere

Blüten- und Samenbildung zur Folge hat, so steht die nachhaltige Zuwachsleistung der Holzarten in zu milden Lagen gegen diejenige auf ihren natürlichen Standorten gleichwohl zurück. — Auch auf die Güte des Holzes hat die Wärme an sich einen günstigen Einfluß. Durch die frühzeitig erwachende Vegetation und das Auftreten von Schäden, besonders der organischen Natur (Insekten, Pilze) werden jedoch auch nach dieser Richtung stärkere Gegenwirkungen herbeigeführt (Beschaffenheit des Kiefern-, Lärchen- und Fichtenholzes auf verschiedenen Standorten).

IV. Feuchtigkeit.

Das Wasser hat seine Bedeutung als direktes Nahrungsmittel der Gewächse; es dient ferner zur Lösung der anorganischen, dem Boden entnommenen Nährstoffe und zur Erhaltung der Gewebespannung für die physiologische Arbeit der Bäume. Die Frische des Bodens ist stets ein wichtiger Bestimmungsgrund für seine Bonität, die durch den chemischen Gehalt nur unvollständig nachgewiesen wird. Die Holzmassenproduktion wird durch eine der betreffenden Holzart entsprechende Feuchtigkeitsmenge gefördert; die Güte des Holzes kann dagegen nur in formaler Hinsicht, durch Bildung längerer Triebe und astreinerer Schäfte, nicht in materieller Beziehung gehoben werden.

Durch die Veränderung der Temperatur und des Feuchtigkeitsgehalts werden die für den forstlichen Betrieb wichtigen atmosphärischen Niederschläge herbeigeführt. Regen und Tau sind für die Entwickelung der Kulturen und Verjüngungen von Bedeutung; einen Einfluß auf die Wirtschaft in ökonomischer Hinsicht üben sie dagegen nicht aus. Schnee, Reif und Eisanhang geben durch die Belastung der Baumkrone zu Bruchschäden Veranlassung. Diese sind um so stärker, je größer die dem Anhang dargebotene Oberfläche, je brüchiger das Holz, je ungleichmäßiger und höher angesetzt die Krone ist. Das Bestreben, Bruchschäden zu verhindern, hat für die forstliche Technik, insbesondere für die Bestandesbegründung und die Durchforstung jüngerer Orte, entgegengesetzte Folgen, als diejenigen, welche sich aus der Forderung der Erzeugung des höchsten Wertzuwachses ergeben (Wirtschaftliche Behandlung der Fichte in Schneebruchlagen).

In ökonomischer Beziehung sind die Naturkräfte danach zu sondern, ob sie allgemein in gleicher Weise vorkommen (Luft), oder ob sie gewissen Lagen in besonderem Grade eigentümlich sind (Wärme, Licht, Feuchtigkeit). Nur in letzterem Falle werden die Naturkräfte der ökonomischen Wertschätzung unterworfen.

An die Naturkräfte schließen sich die Naturgaben an, die durch die frühere Wirkung von Naturkräften entstanden sind. Sie werden in ökonomischer Beziehung danach unterschieden, ob sie zur Besitznahme und zum Tausche fähig sind (zB. Mineralien, Holzbestände) oder ob sie dem wirtschaftlichen Verkehr nicht unterworfen werden können (zB. Meeresströmungen, Häfen, Beschaffenheit einer Küste, schützende Gebirge). Naturgaben letzterer Art können als Grundlagen der wirtschaftlichen Entwickelung eines Landes von großer Bedeutung sein, unterliegen aber nicht der Schätzung nach Tauschwerten; die der ersten Kategorie nehmen, sobald sie wirtschaftlich behandelt werden, die Natur des Kapitals an.

Zweiter Abschnitt.

Arbeit als Quelle der Gütererzeugung.

Arbeit ist die vom Wirtschaftssubjekt ausgehende, auf die Erzeugung von Werten gerichtete planmäßige Tätigkeit.

I. Einteilung der Arbeiten und Produktivität der einzelnen Arbeitszweige.

Entsprechend der Einteilung der Güter werden auch die Arbeiten in persönliche und sachliche Arbeiten eingeteilt. Erstere bringen persönliche, letztere sachliche Güter hervor. Geschehen persönliche Arbeiten für andere Personen, so heißen sie persönliche Dienste. — Persönliche Arbeiten (Unterricht, Rechtspflege, Kunst, Wissenschaft) haben mittelbar für die wirtschaftliche Produktion Bedeutung (Beispiele aus der neueren Wirtschaftsgeschichte). Zu den sachlichen Arbeiten gehören: 1. Entdeckungen und Erfindungen; 2. Aneignung von Naturgaben, Okkupation; 3. Erzeugung von Rohstoffen, (Landwirtschaft, Gartenbau, Weide, Forstwirtschaft); 4. Verarbeitung von Rohstoffen (Handwerke und Fabriken); 5. Zuteilung von Rohstoffen und Fabrikaten an die Konsumenten (auswärtiger und inländischer Handel); 6. Miet- und Leihgeschäfte. — Im Gegensatz zu den Vertretern des Merkantilsystems, welche den Grad der wirtschaftlichen Produktion lediglich nach ihrem Einfluß auf den Besitz an Edelmetallen bemessen — und des physiokratischen

Systems, die nur die auf den Landbau gerichtete Arbeit als produktiv gelten lassen, müssen alle Arten von Arbeit bei sachgemäßer Ausführung als produktiv angesehen werden, da durch alle eine Zunahme der nationalen Wertproduktion herbeigeführt wird.

II. Erfolg der Arbeit.

Von Einfluß auf denselben sind:

1. Der Fleiß des Arbeiters, der von seinen Bedürfnissen (Nahrung, Kleidung, Feuerung, geistige Bildung), von der Art der Vergeltung (Zeitlohn, Stücklohn, Tantiemen) und den mit der Arbeit verbundenen Lasten und Beschwerden abhängig ist.

2. Die auf den natürlichen Anlagen und deren Ausbildung beruhenden Fähigkeiten des Arbeiters.

3. Die von ihm benutzten Hilfsmittel (Arbeitstiere, Werkzeuge und Maschinen).

III. Die Teilung der Arbeit.

„Die größten Fortschritte in den erzeugenden Kräften der Arbeit und in der Einsicht und Fertigkeit ihrer Anwendung sind durch die Teilung der Arbeit (Sonderung verschiedenartiger, zur Herstellung von Sachgütern notwendiger Verrichtungen unter mehrere Personen) herbeigeführt worden (A. Smith, Volkswohlstand, 1. Buch, 1. Kap.).

1. Vorzüge der Arbeitsteilung.

a) Vom Standpunkte der einzelnen Wirtschaft: Erlangung eines höheren Grades von Fertigkeit; zweckmäßige Ausnutzung verschiedener Arbeitskräfte, Vermeidung von Pausen bei Arbeitsübergängen, vielseitige Anwendung und Ausnutzung von Maschinen.

b) Vom nationalen und internationalen Standpunkt: Bessere Ausnutzung der natürlichen Wirtschaftsbedingungen verschiedener Länder oder Landesteile (tropische, gemäßigte, kalte Zone; Industrie- und Agrikultur-Staaten); Belebung des nationalen und internationalen Handels (Fr. List, Nat. System, 13. Kap.).

2. Nachteile der Arbeitsteilung.

a) Vom Standpunkt der einzelnen: Geistige und körperliche Einseitigkeit der Arbeiter; Schwierigkeit des Übergangs zu anderen Erwerbszweigen.

b) Vom nationalen Standpunkt: Abhängigkeit des Staates vom Ausland, hauptsächlich in bezug auf die notwendigen Lebensmittel (Deutschlands Getreideproduktion).

Die Arbeitsteilung hat unter allen Umständen die Möglichkeit der Arbeitsvereinigung zur Voraussetzung (Beisp.: Alle Zweige der modernen Wissenschaft und Technik).

3. Entstehung der Arbeitsteilung.

Sie liegt in vorgeschichtlicher Zeit und ist die natürliche Folge der verschiedenen Fähigkeiten der Menschen und ihrer Neigung zum Tausch. Voraussetzung der Arbeitsteilung ist das Vorhandensein von Kapital und die Möglichkeit des Absatzes. Ebenso ist jede weitere Ausbildung der Arbeitsteilung von der Zunahme des Kapitals und des Absatzes abhängig.

4. Beschränkung und Ausdehnung der Arbeitsteilung.

Sie findet ihre Grenze:

a) Durch die beschränkte Zahl der Verrichtungen, welche zur Herstellung wirtschaftlicher Erzeugnisse nötig sind.

b) Durch die Beschränktheit des Absatzmarktes. Dieser wird erweitert durch die Zunahme der Bevölkerung, des Wohlstandes und die Verbesserung der Verkehrsmittel.

In den verschiedenen Zweigen der Wirtschaft kann die Arbeitsteilung um so stärker und wirksamer zur Geltung kommen, je mehr der Faktor Arbeit an der Erzeugung beteiligt ist und je gleichmäßiger diese letztere erfolgt. Bei den Urproduktionen (insbesondere bei der Forstwirtschaft), ist sie wegen der natürlichen Produktionsbedingungen am wenigsten ausgebildet.

IV. Der Arbeitslohn.

1. Ableitung des Arbeitslohns aus dem Produktionsprozeß.

Den natürlichen Lohn der Arbeit bildet der Wert, der durch sie erzeugt wird. Allein derselbe ist aus dem Produktionsprozeß in der Regel nicht nachzuweisen, weil die wirtschaftlichen Erzeugnisse das gemeinsame Produkt von Arbeit, Kapital und Boden sind und die Wirkungen dieser drei verschiedenen Produktionsfaktoren nicht gesondert zur Erscheinung kommen. Versuche, den Arbeitslohn aus der Produktion selbst abzuleiten, sind u. a. gemacht von:

a) J. H. v. Thünen, Der isolierte Staat in bezug auf Landwirtschaft und Nationalökonomie, 2. Teil: Der naturgemäße Arbeitslohn und dessen Verhältnis zum Zinsfuß und zur Landrente. v. Thünen stellte für den naturgemäßen, der Organisation des Menschen und der physischen Welt entsprechenden Arbeitslohn die Formel: $\sqrt{a \cdot p}$ auf, worin a die notwendigen Unterhaltsmittel der Arbeiter, p das Arbeitsprodukt bedeutet. Hiernach haben die Arbeiter an der Erhöhung der nationalen Produktion unmittelbares Interesse; sie können ferner auf die Steigerung des Arbeitslohnes Einfluß üben, indem sie die auf ihren notwendigen Unterhalt gerichteten Kosten erhöhen (Zeit der Eheschließung, Kindererziehung, Lebenshaltung).

b) K. Marx, Das Kapital, 1. Buch. Er stellte den Satz auf, daß alle Mehrwerte, die in der nationalen Produktion eintreten, durch die Arbeit erzeugt werden. Daher erscheint es folgerichtig, daß diese Mehrwerte auch den Arbeitern vollständig zugute kommen. Die Theorie, deren Anwendung eine völlige Umwälzung der wirtschaftlichen Verhältnisse zur Folge haben würde, beruht auf der Negation der produktiven Wirkung des Kapitals (Berechtigung der Kapitalzinsen) und kann deshalb auch nie verwirklicht werden.

2. Der Arbeitslohn unter dem Gesichtspunkt des Tausches.

Entsprechend dem Preise der Sachgüter besteht auch für den Arbeitslohn eine obere Grenze, die dem Wert der Arbeit für den Arbeitgeber entspricht, und eine untere Grenze, welche durch die Produktionskosten der Arbeit gebildet wird. Diese bestehen aus den notwendigen Unterhaltsmitteln, welche aufzuwenden sind, um den Arbeiter und seine erwerbsunfähigen Angehörigen zu erhalten.

3. Verschiedenheiten des Arbeitslohnes.

Solche ergeben sich:

a) Durch die verschiedenen Leistungen des Arbeiters (Fleiß, Fähigkeiten, persönliche Eigenschaften).

b) Durch die Natur der zu vollziehenden Geschäfte (lange Vorbereitung, wirtschaftliches Risiko, Unannehmlichkeiten der Arbeit, Unterbrechungen der Arbeitsdauer).

c) Durch das Verhältnis von Angebot und Nachfrage. Nach diesen ergibt sich ein sogenannter „Marktpreis“ der Arbeit, auf den die Regeln über den Marktpreis der Sachgüter (vgl. 1. Teil II 4) sinngemäße Anwendung finden.

4. Veränderung der Arbeitslöhne.

Da die notwendigen Unterhaltsmittel den Bestimmungsgrund der Arbeitslöhne bilden, so müssen alle Verhältnisse, welche deren Kosten beeinflussen, auch Veränderungen der Arbeitslöhne nach sich ziehen. Insbesondere kommen in Betracht:

a) Die klimatischen Verhältnisse. In kalten Gegenden ist der Aufwand für Bekleidung und Feuerung größer als in warmen und gemäßigten.

b) Die volkswirtschaftliche Kulturstufe. Von ihr sind die Sitten abhängig, welche bestimmen, was als notwendig zum Unterhalt und zur Kindererziehung angesehen wird. Die Erreichung einer höheren Kulturstufe ist stets mit Zunahme der materiellen und geistigen Bedürfnisse der Arbeiter verbunden. Zugleich nimmt die Bevölkerung beim wirtschaftlichen Fortschritt eines Volkes zu. Für diesen ist daher die Steigerung der Arbeitslöhne eine unerläßliche Bedingung.

c) Die Getreidepreise. Da Getreide den Hauptbestandteil der Ernährung der zahlreichsten Volksklasse ausmacht, so muß die Erhöhung der Getreidepreise auf die Produktionskosten der Arbeit und damit auch auf den Arbeitslohn von Einfluß sein.

d) Die Zunahme des Kapitals. Sie übt in der Regel einen zweifachen Einfluß auf den Arbeitslohn.

1. Da jedes Kapital nur mit Hilfe der Arbeit wirksam sein kann, so muß die Zunahme des Kapitals die Nachfrage nach Arbeit verstärken und dadurch den Arbeitslohn erhöhen.

2. Da manche Kapitalien (Maschinen, Werkzeuge) Arbeit ersetzen, so bewirken sie eine Verminderung der Nachfrage nach Arbeit und des Arbeitslohnes. Im allgemeinen besteht trotz des letzteren Einflusses die Regel, daß die Arbeitslöhne solange eine steigende Tendenz behalten, als das Kapital in stärkerem Verhältnis zunimmt, als die Bevölkerung. Hieraus ergibt sich, daß neben den Gegensätzen zwischen Arbeitern und Kapitalisten, welche die Verteilung des Einkommens betreffen, auch gemeinsame Interessen bestehen, die dahin gehen, daß in den einzelnen Wirtschaftszweigen und in der nationalen Gesamtwirtschaft eine möglichst hohe Produktion stattfindet (Gegensatz der neueren sozialistischen Richtungen).

5. Folgen der Veränderungen des Arbeitslohns.

a) Ein dauerndes Steigen der Arbeitslöhne kann folgende Änderungen zur Folge haben:

1. Den Übergang von Arbeitern in die Klasse der Grundbesitzer und Kapitalisten. Ein solcher findet, abgesehen von neu besiedelten Ländern, aber nur in kleinem Umfang statt.

2. Eine Vermehrung der Volkszahl bei gleichbleibenden Ansprüchen an die nationalen und geistigen Lebensbedingungen.

3. Eine Zunahme der Bedürfnisse der Arbeiter bei gleichbleibender Bevölkerung.

4. Eine gleichzeitige Zunahme der Volkszahl und der Bedürfnisse.

b) Eine Abnahme des Arbeitslohnes hat die entgegengesetzten Folgen; sie ist ein sicheres Zeichen des wirtschaftlichen Rückgangs eines Volkes.

Für den Fortschritt der wirtschaftlichen Kultur ist eine allmähliche Zunahme der Bedürfnisse bei gleichzeitigem allmählichem Wachsen der Bevölkerung am meisten wünschenswert (Beispiele der neuern Geschichte: England, Irland, Deutschland, Frankreich, Nordamerika, China).

V. Die Arbeit in der Forstwirtschaft.

1. Bedeutung.

In der Forstwirtschaft kommt unter den größeren Wirtschaftszweigen am wenigsten Arbeit zur Anwendung. Wegen der Zeit ihrer Ausführung (Winterfällung) bildet dieselbe aber häufig eine Ergänzung zu anderen Arbeiten (landwirtschaftliche Arbeiten, manche Handwerke) und übt deshalb in sozialer Beziehung einen wohltätigen Einfluß. Indirekt ist die Forstwirtschaft ferner dadurch von Bedeutung, daß das Holz für viele Handwerke und Fabriken einen notwendigen Rohstoff bildet, an dem weitere Arbeit betätigt wird. Die mit Rücksicht hierauf sich ergebenden wirtschaftlichen Folgerungen stehen aber zu den technischen Maßnahmen, welche auf die Preise der Hölzer und die Erträge der Wirtschaft Einfluß haben, nicht im Gegensatz. Die Preise des Holzes sind vielmehr um so höher, je mehr Arbeit an ihm betätigt werden kann.

2. Die prinzipielle Auffassung der Arbeit.

Die über die Beziehungen zwischen Arbeit und Wert aufgestellten Theorien von Ricardo („die aufgewendete Arbeit ist der Maßstab des Wertes“) — von A. Smith („der Ertrag der Arbeit ist der Maßstab des Arbeitslohnes") — von Marx („der Mehrwert ist die ausschließliche Folge der Arbeit") — und von v. Thünen (Arbeitslohn = $\sqrt{a \cdot p}$) erhalten durch den Gang der Werterzeugung in der Forstwirtschaft keine Bestätigung. Diese ergibt vielmehr, daß Werterhöhungen häufig unabhängig von der aufgewendeten Arbeit eintreten (Einfluß des Bergbaues, der Zellulose-Fabriken und der Eisenbahnen auf den Wert des Holzes). Strenge mathematische Beziehungen zwischen Arbeitslöhnen und den erzeugten Werten können deshalb nicht aufgestellt werden. Der Arbeitslohn läßt sich aus dem Produktionsprozeß der Forstwirtschaft nicht ableiten. Seine Höhe muß zu den Löhnen anderer Wirtschaftszweige gleicher Zeiten und Orte im richtigen Verhältnis stehen.

3. Die Zunahme der Arbeit in der Forstwirtschaft.

Wie in allen Wirtschaftszweigen, so nimmt auch in der Forstwirtschaft die Arbeit beim Fortschreiten der wirtschaftlichen Kultur zu. Die größere Arbeitsintensität des forstlichen Betriebs kommt zum Ausdruck:

a) Beim Fällungsbetrieb in der vollständigern und gründlichern Aufarbeitung des Holzes (Stockrodung, Aufarbeitung von Reisholz).

b) Beim Kulturbetrieb durch den Übergang von der natürlichen zur künstlichen Bestandesbegründung, durch gründlichere Bodenbearbeitung, dichtere Pflanzverbände und sorgfältigere Ausführung der Kultur- und Bestandespflege.

c) Beim Transport des Holzes durch systematische Anlage von Wegen und anderen Bringungsanstalten und gründlicheren Ausbau derselben.

d) Bezüglich der Verwaltungs- und Schutzkosten durch Bildung kleinerer Amtsbezirke und Zunahme der Gehälter der Beamten.

4. Die Berechnung der Arbeitslöhne.

Alle Arbeitslöhne (Holzhauerlöhne, Verwaltungskosten, Wegebau-, Kulturkosten usw.) werden beim jährlichen Betrieb, der im großen ausschließlich Anwendung findet und bei allgemeinen Erörterungen zugrunde zu legen ist, von den jährlichen Roherträgen ihrem einfachen Betrage nach abgezogen, ohne daß eine Prolongierung oder Diskontierung nötig wäre. Beim aussetzenden Betrieb und ebenso auch bei der Berechnung der Kostenwerte eines einzelnen Bestandes müssen dagegen Erträge und Produktionskosten auf gleiche Zeitpunkte zurückgeführt werden.

VI. Lohnpolitik.

1. Im allgemeinen.

Der unmittelbare Einfluß des Staates auf die Arbeitslöhne ist geringer, als meist angenommen wird. Die sozialen Verhältnisse der Arbeiter sind eine Folge der wirtschaftlichen Entwicklung und der erreichten Kulturzustände eines Volkes. Insbesondere kann der Staat seinen Angehörigen weder ein Recht auf Arbeit gewährleisten, das von einer Kontrolle über die Volksvermehrung begleitet sein müßte, noch kann er bindende Bestimmungen über die Höhe des Arbeitslohnes treffen. Indirekt vermag er auf die Produktivität der Arbeit und der wirtschaftlichen Verhältnisse überhaupt einzuwirken:

a) Durch Stärkung der Wehrkraft sowie durch Maßregeln der Rechtspflege und Politik (Rechtssicherheit, äußere Politik, Handelsverträge, Beförderungspolitik). Für einen dauernden Fortschritt der sozialen Verhältnisse der Arbeiter ist die Sicherheit des Staates im Innern und die Stärke nach außen eine notwendige Grundlage.

b) Durch Maßregeln zugunsten der Arbeiter. Hierher gehören insbesondere: Maßnahmen zur Hebung der Bildung (Schulen); Fürsorge für die Erziehung Minderjähriger; Bestimmungen betreffs der Gesundheit der Arbeiter; desgleichen über die Arbeitszeit, über Frauen und Kinderarbeit; Versicherung gegen Erwerbsunfähigkeit (Gesetz betreffend die Krankenversicherung der Arbeiter 1883; die Unfallversicherung 1884, 85, 86; Altersversicherung 1889, 1899).

2. In der Forstwirtschaft.

Auch auf die Arbeiter der Forstverwaltung finden die unter 1 angegebenen Mittel Anwendung. Die Forstverwaltung kann ferner auf die sozialen Verhältnisse der ständigen Waldarbeiter durch Überlassung von Land, Holz und manchen Nebennutzungen günstig einwirken.

Dritter Abschnitt.

Kapital als Quelle der Gütererzeugung.

I. Erklärung und Einteilung.

1. Begriff.

Die Sachgüter zerfallen nach ihrer Verwendung in zwei Klassen:

a) solche, welche unmittelbar zur Verzehrung oder Benutzung verwendet werden (Verbrauchsvorräte, Genußmittel);

b) solche, welche zur Hervorbringung neuer Sachgüter verwendet werden. Diese letzteren werden Kapital genannt (verschiedene Definitionen von A. Smith, Rau, Roscher u. a. Nationalökonomen).

Eine scharfe Unterscheidung von a und b ist nicht immer möglich, weil die Verwendungsart desselben Gutes je nach den Zwecken des Eigentümers verschieden sein kann (zB. Getreide, Kleidungsstücke u. a.).

2. Einteilung.

Die verschiedenen Arten des Kapitals können folgendermaßen geordnet werden: 1. Bodenmeliorationen (Dungstoffe, Bewässerungsanlagen usw.). 2. Mit dem Boden verbundene Gewächse (Holzbestände). 3. Bauwerke (Wohn-, Fabrik- und Wirtschaftsgebäude). 4. Hilfsmittel der Arbeiter (Arbeitstiere, Werkzeuge, Maschinen). 5. Hilfsmittel für die Beförderung (Eisenbahnen, Landstraßen, Kanäle, Schiffe, Wagen). 6. Unterhaltsmittel für menschliche, tierische und physikalische Kräfte. 7. Verwandlungsstoffe (Holz des Schreiners, Böttchers). 8. Fertige Produkte, Fabrikate. 9. Umlaufsmittel (Geld und seine Ersatzmittel). 10. Unkörperliche Kapitalien (Rechte und sonstige Verhältnisse.

3. Unterscheidungen.

Nach der Art der Verwendung seitens der Eigentümer werden Leihkapitalien und Produktivkapitalien unterschieden. Diese letzteren werden nach ihrer Wirksamkeit bei der Produktion in umlaufendes (flüssiges) und festes (fixes, stehendes) Kapital eingeteilt. Das umlaufende Kapital geht mit seiner Substanz in das zu erzeugende Produkt ein und bildet demgemäß seinem vollen Werte nach einen Bestandteil der Produktionskosten. Vom stehenden Kapital geht nur die Nutzung in das zu erzeugende Produkt über, während das Kapital selbst — abgesehen von einer etwaigen Abnutzung — unverändert bleibt. Die wichtigsten Bestandteile des festen Kapitals sind Bodenverbesserungen, die stehenden Holzvorräte der Forstwirtschaft, Gebäude, Werkzeuge, Maschinen, Arbeitstiere. Zum umlaufenden Kapital gehören: Rohstoffe, Saatgetreide, Pflänzlinge, Holz des Handwerkers, Unterhaltsmittel, Waren, Geld.

II. Entstehung und Wachstum des Kapitals.

1. Kapital und Arbeit.

Die ursprüngliche Quelle des Kapitals bildet die Arbeit, welche auf seine Erzeugung verwendet worden ist. Bezüglich der Verteilung des aus der Produktion hervorgehenden Einkommens unter die Träger von Arbeit und Kapital lassen sich hieraus aber keine Folgerungen ableiten (wie es seitens der Vertreter extremer sozialistischer Richtungen geschieht), weil die Erzeugnisse der ursprünglichen Arbeit durch Eigentumsveränderungen und Verkehr vielfachen Wechsel erlitten haben. Allgemeine Bedingung der Kapitalbildung ist, daß durch die Arbeit mehr erzeugt wird, als zum notwendigen Lebensunterhalt der Arbeiter erforderlich ist.

In vielen Wirtschaftszweigen kann Arbeit durch Kapital, dieses durch Arbeit ersetzt werden (Bodenbearbeitung und Ernte mit Hilfe von Werkzeugen und Maschinen). Für das Verhältnis, in welchem beide Produktionsfaktoren zur Anwendung kommen, gilt die Regel, daß die zu erzeugenden Produkte mit möglichst geringen Kosten hervorgebracht werden.

2. Entstehung von Kapital durch Ersparnisse.

Im weiteren Fortschritt der wirtschaftlichen Verhältnisse können die einzelnen Personen und gesellschaftliche Verbände zur Entstehung und Erhöhung von Kapital auch ohne Arbeitsleistung durch Ersparnisse beitragen, indem sie einen Teil ihres Einkommens von der Verzehrung ausschließen. Die Bildung von Ersparnissen ist im Interesse des wirtschaftlichen Kulturfortschritts notwendig. Das Wachstum der Bevölkerung und des Wohlstandes ist davon abhängig. Mit Rücksicht auf die notwendige Zunahme des Kapitals ist nicht eine möglichst gleiche Verteilung des nationalen Kapitals und Einkommens, bei welcher die Verzehrung gesteigert werden würde, sondern das Vorhandensein großer, mittlerer und kleiner Vermögen und Einkommen wünschenswert (Gegensätze des Sozialismus und Kommunismus).

3. Entstehung und Vermehrung des Kapitals durch äußere Verhältnisse.

Neue Kapitalbildungen oder Werterhöhungen vorhandener Kapitalien können auch durch äußere Verhältnisse, die mit der betreffenden Wirtschaft nicht in unmittelbarem Zusammenhang stehen, herbeigeführt werden. Dies geschieht namentlich durch Erfindungen, Verbesserungen der Technik und die Ausbildung der Verkehrsmittel (Wertzunahme der Wälder durch die Anlage von Eisenbahnen, Einfluß des Bergbaus, der Cellulose-Fabriken).

4. Wachstum des Kapitals.

Die ersten Anfänge der Kapitalbildung erfolgen wegen der geringen Produktivität der ohne Unterstützung durch ausgebildete Hilfsmittel betriebenen Arbeit sehr langsam. Auf den frühesten Stufen der wirtschaftlichen Kultur (Jäger- und Fischervölker, Nomaden) tritt das Kapital gegenüber den anderen Produktionsfaktoren zurück; später nimmt es rasch zu und bestimmt auf den höheren Kulturstufen in den meisten Wirtschaftszweigen die Art der Betriebsführung.

III. Der Kapitalzins.

1. Begriff und Unterscheidungen.

Zins ist der Preis, der für die Benutzung des Kapitals gezahlt wird oder (vom Standpunkt des Eigentümers) das Einkommen, welches seine Nutzung gewährt. Er ist eine in der Natur der Sache liegende, der produktiven Leistung entsprechende notwendige Eigenschaft des Kapitals. Ohne die Gewährung eines Einkommens wäre das Dasein, die Erhaltung und die für den wirtschaftlichen Kulturfortschritt nötige Vermehrung des Kapitals nicht denkbar. Gegensätzliche Anschauungen werden in den Satzungen mancher Religionen und von den extremen wirtschaftlichen Richtungen des Sozialismus und Kommunismus vertreten (vgl. Marx, Kapital, 1. Buch, 3. Kap.).

Die Benutzung des Kapitals erfolgt (vgl. I 3) entweder durch Ausleihen an andere, oder durch eigene, auf Hervorbringung wirtschaftlicher Güter gerichtete Anwendung. Beim Leihkapital wird ein Zins im weitern und ein Zins im strengen Sinne unterschieden. In dem letzteren ist nicht enthalten:

a) Eine Vergütung für die Gefahr des Verlustes (Assekuranzprämie)

b) Eine Vergütung für die Abnutzung des festen Kapitals.

c) Eine Vergütung für die Mühe, welche mit der Beitreibung der Zinsen verbunden sein kann.

Unter dem landesüblichen Zinsfuß, der auf ein Kapital = 100 bezogen wird, ist die Zinshöhe sicher und mühelos verliehener Kapitalien zu verstehen.

2. Bestimmungsgründe für die Höhe des Zinsfußes.

Als der natürliche Preis für die Benutzung eines Kapitals erscheint der Wert, der durch seine Wirkung hervorgebracht wird. Aus dem Gang und Erfolg der Wirtschaft kann dieser Wert jedoch nicht nachgewiesen werden, weil fast alle wirtschaftlichen Erzeugnisse durch die gemeinsame, innig miteinander verbundene Wirkung der verschiedenen Produktionsverfahren entstanden sind.

Entsprechend dem Arbeitslohne besteht auch für den Zins des Leihkapitals eine obere Grenze, welche durch den Wert, den die Kapitalnutzung für den Leihenden besitzt, bestimmt wird, und eine untere Grenze, die den Produktionskosten des Kapitals entspricht. Diese kann durch das Opfer bemessen werden, welches der Verzicht auf die eigene Benutzung dem Besitzer auferlegt. Der nach diesen Grenzen gebildete Zinsfuß kann durch das Verhältnis von Angebot und Nachfrage zeitliche und örtliche Abweichungen erhalten (Marktpreis der Kapitalabnutzung). Der landesübliche, auf sicher und mühelos verliehene Kapitalien bezügliche Zinsfuß zeigt jedoch für eine bestimmte Zeit im Gegensatz zum Arbeitslohn ein sehr gleichmäßiges Verhalten[1]). Durch das natürliche Bestreben des Kapitals nach möglichst hoher Rentabilität werden die entstehenden Ungleichheiten vermindert. Beim umlaufenden Kapital pflegen sich Unterschiede der Verzinsung durch die Übertragung der Kapitalien von schlecht rentierenden Anlagen in solche, welche mehr Gewinn erwarten lassen, auszugleichen. Beim stehenden Kapital (Gebäude, Maschinen, Fabriken) können sich Abweichungen vom mittlereren Zins längere Zeit behaupten. Aber auch hier werden die Unterschiede durch Neueinschätzung des stehenden Kapitals aufgehoben. „Beim fixen Kapital gleicht sich der Gewinn aus durch die neue Schätzung desselben nach Maßgabe des damit erzielbaren Gewinns unter An-

[1]) Lit.: A. Smith, Quellen des Volkswohlstandes, 1. Buch, 10. Kap.; Roscher, Grundlagen der Nationalökonomie, § 180; Helferich, Sendschreiben an Judeich, Forstl. Blätter, 1872.

wendung des laufenden Zinsfußes als Kapitalisierungsfaktors" (Helferich).

3. Geschichte des Zinsfußes.

Auf den Anfangsstufen der Volkswirtschaft pflegt der Zinsfuß, sofern ein solcher überhaupt ausbedungen wird, wegen der Unsicherheit der Rechtsverhältnisse und mancher Hindernisse der Kapitalanlage hoch zu stehen. Beim Fortschreiten der wirtschaftlichen Kultur sinkt der Zinsfuß, und zwar um so stärker, je mehr die Zunahme des Kapitals das Wachstum der Bevölkerung übertrifft. Durch Kriege und andere wirtschaftliche Störungen ergeben sich mannigfache Abweichungen dieser, der ruhigen Entwickelung des wirtschaftlichen Volkslebens entsprechenden Regel (Beisp.: Holland, England, Deutschland, Nordamerika).

Da das Gesamtprodukt der Wirtschaft unter Kapitalisten und Arbeiter zur Verteilung gelangt, so steht die Abnahme des Zinsfußes mit dem Steigen der Arbeitslöhne in ursächlichem Zusammenhang. Eine starke Zunahme des Kapitals, durch die der Zinsfuß herabgedrückt wird, entspricht daher auch dem Interesse der Arbeiter.

4. Zinspolitik.

Da eine freie Bewegung des Kapitals zu einer möglichst hohen nationalen Produktion notwendig ist, so hat sich der Staat aller Beschränkungen in bezug auf die Richtung der Kapitalanlagen zu enthalten. Gesetzliche Bestimmungen über die Höhe des Zinsfußes sind nicht durchführbar, weil dieser, wie der Arbeitslohn, von dem Gesamtzustande der wirtschaftlichen Kultur abhängig ist. In den einzelnen Zweigen des gewerblichen Lebens ist der Zins des Kapitals mit Sicherheitsprämien, Unternehmergewinn, Verwaltungskosten usw. unzertrennlich verbunden, sodaß der Zins, trotz der im allgemeinen bestehenden Gleichheit des landesüblichen Zinsfußes, doch sehr verschieden zum Ausdruck kommt und eine Kontrolle des wirklichen Zinses aus den Ergebnissen der Wirtschaft durch den Staat nicht vorgenommen werden könnte.

IV. Das Kapital in der Forstwirtschaft.

A. In die Forstwirtschaft von außen eingeführtes Kapital.

Hierher gehören an stehendem Kapital die Werkzeuge und Geräte des Kultur- und Fällungsbetriebes, sowie die Anlagen zur Beförderung des Holzes (Wege, Triften, Riesen, Eisenbahnen), die

Gebäude für Beamte, Arbeiter und Geräte, Nebenbetriebsanstalten u. a. Im Verhältnis zu anderen Zweigen der Bodenkultur ist dies Kapital in der Forstwirtschaft unbedeutend. Noch größer sind die Unterschiede gegenüber dem Gewerbfleiß, in dem die Verwendung des Kapitals auf höheren Kulturstufen rasch fortschreitet. Aber auch in der Forstwirtschaft nimmt das Kapital, wie die Arbeit, mit dem Fortschritt der volkswirtschaftlichen Entwickelung zu. — An umlaufendem Kapital sind nur Sämereien und Pflanzen hervorzuheben.

B. Das Holzvorratskapital.

1. Begriff und Bedeutung.

Unter dem Vorrat, Materialvorrat (v) wird die Summe der auf dem Stocke befindlichen Bestände verstanden, welche zur Führung eines nachhaltigen forstlichen Betriebs vorhanden sein müssen. Der Vorrat ist ursprünglich Naturgabe, die im Wege der Okkupation genutzt wird. Auf niederen Kulturstufen bildet der Wald häufig ein Hindernis für die wirtschaftliche Entwickelung und die Befriedigung der notwendigen, meist auf Lebensmittel gerichteten Bedürfnisse. Allgemein und mit logischer Notwendigkeit können Wälder daher nach ihrer Entstehung und ihrem Zweck dem Kapitalbegriff nicht untergeordnet werden. Unter den rechtlichen und wirtschaftlichen Verhältnissen der höheren Kulturstufen muß jedoch der Vorrat der in geregeltem Betrieb stehenden, auf die Erzeugung von Holz bewirtschafteten Wälder (ausschließlich Schutz- und Schönheitswald) als ein durch die Wirkung der wirtschaftlichen Produktionsfaktoren erzeugtes Betriebskapital angesehen werden. Die Merkmale des Kapitalbegriffs sind ihm eigentümlich. Hieraus ergibt sich zugleich die Forderung seiner Verzinsung.

Von dem beim nachhaltigen Betrieb zu unterhaltenden Vorrat scheidet zwar alljährlich ein Teil (die ältesten hiebsreifen Bestände) aus und nimmt dadurch den Charakter des umlaufenden, in andere Wirtschaftszweige übergehenden Kapitals an. An Stelle dieses Entzugs tritt jedoch durch Kultur und Zuwachs alsbald ein Ersatz. Seinem Gesamtbetrage nach bleibt der Vorrat regelmäßiger Verhältnisse gleich. Er muß daher als ein stehendes Kapital angesehen werden, dessen Zins ein Element der Produktionskosten des Holzes bildet. In diesem Sinne wird der Vorrat auch von den Vertretern der allgemeinen Wirtschaftslehre aufgefaßt (zB. Helferich in Schönbergs Handbuch der politischen Ökonomie; Sendschreiben an Judeich).

2. Besondere Eigentümlichkeiten des Vorratskapitals.

Die wichtigsten Besonderheiten des Vorrats, die ihn von den meisten Kapitalien des gewerblichen Lebens unterscheiden, sind:

a) Das Verbundensein mit dem Boden. Ohne den Zusammenhang mit dem Boden ist die Mitwirkung des Vorrats zur forstlichen Produktion unmöglich. Durch diese Verbindung erhält das forstliche Betriebskapital eine eigenartige Schwerfälligkeit, die es zu Verwendungsarten, die Beweglichkeit und Spekulation erfordern, ungeeignet macht.

b) Die lange Dauer der Erzeugung und die Schwierigkeit des Ersatzes. Hierdurch kann eine Verminderung des Vorrats von lange andauernden nachteiligen Folgen sein. Die Berücksichtigung dieses Umstandes ist in Verbindung mit der Schwierigkeit einer richtigen Berechnung und der Möglichkeit des Eintritts von Naturschäden (Insekten, Anhang, Sturm u. a.) die Ursache, daß bei der Feststellung des Vorrats in der Regel ein konservativerer Standpunkt einzuhalten ist, als es sonst zulässig erscheinen würde.

Aus den genannten Eigenschaften geht hervor, daß zum Eigentum am Walde und zur Führung der Forstwirtschaft nur solche Personen (Staat, Korporationen, Großgrundbesitzer) geeignet sind, welche am Zustand der Forstwirtschaft nachhaltiges Interesse haben und genügendes Vermögen besitzen, um die Nutzung des Vorrats bis zur Zeit der Hiebsreife hinauszuschieben.

3. Forsttechnische Bestimmungsgründe für die Höhe des Vorrats.

In der Höhe und Beschaffenheit des Vorrats liegt stets ein charakteristisches Merkmal für den Zustand des Waldes und die Führung der Wirtschaft. Der Vorrat ist von allen Verhältnissen abhängig, welche auf den Massen- und Wertzuwachs der Bestände von Einfluß sind. Insbesondere kommen in dieser Beziehung in Betracht: Die Standortsverhältnisse, die Holz- und Betriebsarten, die Wirtschaftsführung, die Umtriebszeit (vgl. Grundriß der Forsteinrichtung, S. 35). Die Größe der Unterschiede des Vorrats ergibt sich aus den für die verschiedenen Holzarten und Standortsklassen aufgestellten Ertragstafeln.

Derjenige Vorrat, der sich für eine regelmäßige Betriebsklasse oder Wirtschaftseinheit berechnet, wird normaler Vorrat (nv) genannt. Er ist nicht nur durch eine bestimmte Höhe, sondern auch durch eine regelmäßige Altersabstufung der Bestände gekennzeichnet (für den jährlichen Betrieb werden u Altersstufen von 1 bis u Jahren — für eine periodische Altersabstufung $\frac{u}{10}$ Stufen von 10, 20 ... Jahren zugrunde gelegt). Der wirkliche Vorrat (wv) weicht nach Höhe und Zusammensetzung vom normalen in stärkerem oder schwächerem Grade ab. Ihn dem letzteren allmählich anzunähern ist eine wichtige Aufgabe der Ertragsregelung, der durch die Feststellung des Etats in der allgemeinen Fassung e (Etat) $= z$ (Zuwachs) $+ \frac{wv - nv}{a}$ entsprochen wird (a = Einrichtungszeitraum).

4. Die Berechnung der Masse des Vorrats.

Die Massenermittelung von Beständen muß in bezug auf die Art der Aufnahme und den Grad der Genauigkeit je nach dem vorliegenden Zweck (Zuwachsuntersuchungen, Kauf und Tausch, Herleitung des Abnutzungssatzes u. a.) verschieden ausgeführt werden. Für die Einschätzung des Vorrats kommen folgende Verfahren zur Anwendung.

a) Wenn der Vorrat nur nach der Bedeutung, die er für die Erfüllung des Etats an **Haubarkeitsnutzung** besitzt, nachgewiesen werden soll, so kann er nach dem Haubarkeitsdurchschnittszuwachs berechnet werden. Der Vorrat jeder Altersstufe ist alsdann das Produkt von Haubarkeitsdurchschnittszuwachs $\left(\frac{m}{u} = z\right)$ und Alter (a). Der normale Vorrat bildet eine regelmäßige Reihe $= z + 2z + \ldots uz$, für deren Summe die Formel $nv = \frac{u \cdot uz}{2} = \frac{uZ}{2}$ aufgestellt ist.

Da bei diesem Verfahren der Einfluß der Bestandesdichte, die insbesondere für die Erträge aus Vornutzungen und Lichtungen im nächsten Wirtschaftszeitraum von Bedeutung ist, nicht zur Geltung kommt, so ist das Verfahren, wenigstens allgemein, nicht richtig.

b) Wenn der **wirkliche Gehalt** des Vorrats, den ein Revier zur Zeit der Aufnahme der Wirtschaftspläne besitzt, nachgewiesen werden soll, so ist die Schätzung des Vorrats nach dem vorliegenden Holzmassengehalt zu bewirken. Sie erfolgt in älteren, regelmäßigen Beständen in der Regel durch spezielle Holzmassenaufnahmen, in gleichmäßigen älteren und mittleren Beständen durch Okularschätzung oder nach Ertragstafeln, in jüngeren Beständen vorzugsweise nach letzteren.

c) Bei den meisten in der Praxis angewandten Verfahren der Ertragsregelung ist der Vorrat in der Regel nur in der Form der Altersklassen-Tabelle, die nach den vorkommenden Holzarten abgeschlossen wird, dargestellt worden. Um hiernach den Vorrat nach seiner Eigenschaft als Betriebskapital in einheitlicher Fassung darzustellen, müssen die Bestände auch nach den Bonitäten geordnet werden.

Das Altersklassenverhältnis ist unter allen Umständen ein wichtiges Merkmal für den Zustand der Reviere und ihre Bewirtschaftung; es genügt aber nicht für viele forsttechnische und volkswirtschaftliche Aufgaben, die sich aus der Auffassung des Vorrats als Betriebskapital der Wirtschaft ergeben (Untersuchungen über den Wertzuwachs und die Hiebsreife der Bestände; Besteuerung und Beleihung des Waldes).

5. Die Ermittelung des Wertes des Vorrats.

Wenn auch Einheitlichkeit der Methode bei der Wertschätzung des Vorrats wünschenswert erscheint, so ist doch die Anwendung verschiedener Methoden für Bestände von verschiedenem Alter und verschiedener Entstehung oft unerläßlich. Die Berechnung des Wertes kann erfolgen:

a) Nach dem Kostenwert, der für den Einzelbestand nach der Formel

$$H_k = C \cdot 1{,}op^m + (B + V)\,(1{,}op^m - 1) - D_a \cdot 1{,}op^{m-a}$$

zu bewirken ist.

Kostenwerte kommen hauptsächlich für regelmäßige jüngere Bestände, deren Erzeugungskosten nach der vorliegenden Statistik mit annähernder Vollständigkeit und Genauigkeit nachgewiesen werden können, zur Anwendung. Für ältere Bestände, die den wichtigsten Teil des Vorrats bilden, sind sie wegen Mangels genügender Rechnungsgrundlagen und wegen des Einflusses der langjährigen Verzinsung der Produktionskosten nicht anwendbar.

b) Nach dem Erwartungswert. Für den Einzelbestand besteht die Formel:

$$H_e = \frac{A_u + D_q \cdot 1{,}op^{u-q} - (B + V)\,(1{,}op^{u-m} - 1)}{1{,}op^{u-m}}$$

Für jüngere Bestände sind Erwartungswerte aus entsprechenden Gründen, wie Kostenwerte für ältere, nicht anwendbar. Die Verteilung der Erträge auf Haupt- und Vornutzung hängt von der nicht immer vorausbestimmbaren Behandlung der Bestände (Art und Grad der Durchforstung, Lichtung) ab. Der Wert der End- und Vorerträge läßt sich meist nicht mit genügender Bestimmtheit einschätzen. Erwartungswerte sind deshalb für die Zwecke der Forsteinrichtung in der Regel nicht anzuwenden.

c) Nach dem Verbrauchswert, der sich aus dem Produkt der vorhandenen Masse und dem Wert des Durchschnittsfestmeters ergibt. Dieser ist nach dem Verhältnis der Sortimente zu berechnen, welches durch den Einschlag von Probestämmen ermittelt werden kann.

Der Verbrauchswert ist für ältere und mittlere Bestände, welche den wichtigsten Bestandteil des Vorrats ausmachen, sofern es sich nur um die eigene bleibende Wirtschaft, nicht um Veräußerungen handelt, am meisten zu empfehlen. Für die Zwecke der Forsteinrichtung hat er schon deshalb am meisten Bedeutung, weil er dem Wertzuwachs, welcher zur Begründung der Umtriebszeit nachzuweisen ist, zugrunde gelegt werden muß.

Für Preußen vgl. § 13—16 der Anleitung zur Waldwertberechnung, 1866.

Eine richtige allgemein anwendbare Methode der Berechnung des Vorratswertes gibt es nicht.

6. Der Einfluß der Wirtschaftsprinzipien auf den Vorrat.

In Waldungen, die in erster Linie zu ökonomischen Zwecken bewirtschaftet werden, muß das leitende Wirtschaftsprinzip auf das Verhältnis des Ertrags und der Produktionskosten zurückgeführt werden. Durch Abzug der letzteren vom Rohertrag ergibt sich der Reinertrag, dessen Höchstbetrag durch die Wirtschaftsführung erzielt werden soll. Je nachdem der Begriff Produktionskosten aufgefaßt wird, ergeben sich verschiedene Arten des Reinertrags (vgl. fünften Abschnitt).

Da die Waldreinertragslehre bei konsequenter Anwendung eine dichtere Bestandeshaltung und höhere Umtriebszeit zur Folge hat als die Bodenreinertragslehre, so müssen sich cet. par. auch bezüglich des Vorratskapitals entsprechende Abweichungen ergeben.

7. Der Einfluß des volkswirtschaftlichen Kulturzustandes.

Es ist eine für alle Wirtschaftszweige gültige Regel, daß sie mit dem Fortschritt der volkswirtschaftlichen Kultur mit Aufwendung einer größeren Menge von Arbeit und Kapital betrieben werden. Da die wesentliche Ursache hierfür, das Teurerwerden des Bodens und die Abnahme des Kapitalzinses, auch für die Forstwirtschaft von Einfluß ist, so muß auch bei ihr diese Regel Geltung haben. Hiernach soll das Vorratskapital beim Kulturfortschritt zunehmen. Gegensätze hierzu ergeben sich durch das Vorhandensein von Urwaldungen. Wo aber eine planmäßige Wirtschaftsführung längere Zeit stattgefunden hat, tritt die ausgesprochene Regel in Kraft, wie sie auch in der Geschichte der Forstwirtschaft vielseitige Bestätigung findet.

V. Der Zinsfuß für das Holzvorratskapital.

Wenn der stehende Holzvorrat als Betriebskapital aufgefaßt wird, hat der Zinsfuß, mit welchem seine Teilnahme an der forstlichen Produktion in Rechnung gestellt wird, für viele technische Fragen (insbesondere die Grade der Bestandesdichte und die Umtriebszeit) große Bedeutung.

Eine bestimmte Höhe des Zinsfußes, der nicht nur von dem gegenwärtigen Zustande der Volkswirtschaft sondern auch von forstlichen und allgemeinwirtschaftlichen Verhältnissen der Vergangenheit abhängig ist, kann vom Waldbesitzer nicht verlangt werden. Bei der Ertragsregelung ist jedoch nach Maßgabe der dem Stande der Wirtschaft entsprechenden Mittel und Genauigkeitsgrade nachzuweisen, wie sich die Verzinsung des Vorrats verhält und welche Mittel ergriffen werden können, um günstigere Verhältnisse in der Produktion des forstlichen Betriebskapitals anzubahnen. Im allgemeinen gelten folgende Regeln:

1. In bezug auf die Höhe der Verzinsung.

Trotz der unter III 2 ausgesprochenen Annahme der Gleichmäßigkeit des landesüblichen Zinsfußes einer bestimmten Zeit muß der Zinsfuß für das Vorratskapital doch niedriger sein als in den meisten anderen Wirtschaftszweigen. Die Ursachen sind:

a) Die lange ununterbrochene Wirksamkeit des Kapitals, die in gleichem Maße sonst kaum vorkommt.

b) Die im allgemeinen trotz vieler die einzelnen Bestände treffender Gefahren im großen bestehende Sicherheit der Wirtschaftsführung.

c) Die mit dem allgemeinen und forstlichen Kulturfortschritt eintretende Zunahme der Massen- und Gelderträge.

d) Die mit der Zunahme der Rechtssicherheit beim Fortschreiten der Volkswirtschaft und dem Wachstum des Kapitals eintretende Abnahme des landesüblichen Zinsfußes.

Gegensätzliche Ansichten werden vertreten von Borggreve, Forstreinertragslehre, S. 40 ff.

2. Unterschiede des Zinsfußes.

Trotz der Gleichheit des landesüblichen Zinsfußes müssen in der Forstwirtschaft doch Verschiedenheiten in der Höhe der Verzinsung Platz greifen. Die Unterschiede finden in folgenden Umständen ihre Begründung:

a) In dem verschiedenen Grad der Gebundenheit des Vorrats. Derselbe kann nicht immer, wie es bei Gebäuden, Maschinen in der Regel geschieht, nach Maßgabe der Rente, die er gewährt, wiederholt neu eingeschätzt werden (vgl. das über die Berechnung des Vorrats Bemerkte, IV B. 4, 5).

b) In dem verschiedenen Grade der Sicherheit und Stetigkeit der Wirksamkeit des forstlichen Betriebskapitals.

Nach a und b ergeben sich Unterschiede des Zinsfußes nach Holzarten und Umtriebszeiten. Für Nadelholz ist im allgemeinen ein höherer Zinsfuß zugrunde zu legen als für Laubholz, für kurze Umtriebszeiten ein höherer Zinsfuß als für lange, deren Einhaltung eine längere Dauer und die Annahme eines höheren Sicherheitsgrades zur Voraussetzung hat (Umtriebszeit der Kiefer und Fichte in Lagen, wo sie Gefahren durch Anhang, Sturm, Pilze usw. in besonderem Grade ausgesetzt sind).

c) In der Auffassung des Waldes als eines einheitlichen zusammenhängenden Ganzen. Da jüngere und mittlere Bestände einen höheren Massen- und Wertzuwachs besitzen als dem forstlichen Zinsfuß entspricht, so kann die für das Vorratskapital im ganzen zu fordernde Verzinsung noch vorhanden sein, wenn auch das Verzinsungsprozent der ältesten Bestände unter das mittlere Prozent gesunken ist.

Vierter Abschnitt.

Der Boden als Quelle der Gütererzeugung.

I. Der Boden nach seinem Verhältnis zu anderen Produktionsfaktoren.

1. Begriff.

Theoretisch kann der Boden als Naturgabe aufgefaßt, aber auch dem Kapitalbegriff unterstellt werden. Wegen seiner wirtschaftlichen Besonderheiten und bei der Bedeutung, die er in rechtlicher, sozialer und wirtschaftlicher Hinsicht besitzt, empfiehlt es sich, ihn als besonderen Produktionsfaktor zu behandeln.

Der Boden ist bei seiner ökonomischen Wirkung stets mit anderen Elementen der Gütererzeugung verbunden; und zwar mit Naturkräften (Wärme, Luft, Feuchtigkeit u. a.); mit Naturgaben (organischen Abfällen und Rückständen); mit Kapital (Gebäude, Meliorationen, Gewächsen) und mit der Wirkung vorausgegangener Arbeit (Lockerung durch frühere Kulturen). Am Bodenerzeugnis ist deshalb der Anteil, welchen der Boden nach seiner ursprünglichen Beschaffenheit an demselben hat, nicht nachweisbar.

2. Eigenschaften ökonomischer Natur.

Die wichtigsten Eigenschaften des Bodens, die ihn vom Kapital unterscheiden, sind:

a) Seine Unbeweglichkeit. Auch bei den am wenigsten beweglichen Kapitalien (Häusern, Holzbeständen) ist diese Eigenschaft nie in gleichem Maße vorhanden wie beim Boden. Durch seine Unbeweglichkeit gewährt der Bodenbesitz ein hohes Maß von Sicherheit, das ihn zur Verpfändung in besonderem Grade geeignet macht.

b) Seine Unvermehrbarkeit. Sie hat in Verbindung mit dem zunehmenden Bedarf der wachsenden Bevölkerung zur Folge, daß der Wert des Bodens mit dem Fortschritt der wirtschaftlichen Kultur steigt.

II. Die Grundrente.

1. Begriff.

Grundrente ist das Einkommen, welches die Benutzung des Bodens seinem Eigentümer gewährt. Dasselbe kann entweder durch eigene Bewirtschaftung oder durch Verpachtung erfolgen. In beiden

Fällen tritt die Grundrente aus dem Gange und durch den Erfolg der Wirtschaft nicht rein hervor. Bei der eigenen Bewirtschaftung eines Landgutes ist sie verbunden mit Arbeitslöhnen, Kapitalzinsen, Unternehmergewinn; auch bei der Verpachtung entfällt meist ein Teil des Pachtzinses auf Kapitalnutzung (Wirtschaftsgebäude, Umfriedigungen u. a. Anlagen).

Die Grundrente ist gleich dem Reinertrag des Bodens, der sich ergibt, indem alle Aufwendungen von Kapital und Arbeit, die außer dem Boden zum Zwecke der Produktion gemacht sind, vom Rohertrag abgezogen werden.

2. Allgemeine Begründung der Grundrente.

Die Auffassung der Grundrente als eines besonderen Einkommenszweiges geht daraus hervor, daß verschiedene Grundstücke, die mit gleichen Aufwendungen von Kapital und Arbeit behandelt sind, zufolge ihrer Beschaffenheit und ihrer Lage ungleiche Reinerträge ergeben. Diese Unterschiede der Erträge können, da andere Ursachen nicht vorliegen, nur durch die Grundrente verursacht werden (Gegensätzliche Ansichten von Rodbertus, Beleuchtung der sozialen Frage u. a.).

Verschiedenheiten in der Höhe der Grundrenten ergeben sich:

a) Durch die verschiedene Fruchtbarkeit des Bodens (Theorie von Ricardo, Grundgesetze der Volkswirtschaft, 2. Hauptstück).

b) Durch die verschiedene Entfernung der Grundstücke von den Betriebsstätten und Verbrauchsorten.

Die Unterschiede in den Bodenrenten können weit größer sein als die Unterschiede der Roherträge und Produktionskosten, durch die sie herbeigeführt werden.

3. Das Verhältnis von Grundrente und Bodenwert.

Die Grundrente steht zum Wert des Bodens in ähnlichem Verhältnis wie der Zins zum Kapital. Wegen der Sicherheit und Annehmlichkeit des Grundeigentums, seines sozialen und politischen Einflusses und der Aussicht auf die zukünftige Steigerung seiner Erträge steht der Rentenzinsfuß niedriger als der Zinsfuß der Kapitalien.

4. Das Verhältnis zwischen Grundrente und Preisen.

Die Grundrente steht stets mit den Preisen des wichtigsten Bodenerzeugnisses in Zusammenhang. In einem Lande, welches seine notwendigen Lebensmittel selbst erzeugt, regelt die Rente des dem Getreidebau dienenden Bodens die Rente der meisten übrigen Grundstücke (vgl. A. Smith, Volkswohlstand, 1. Buch, 11. Kap.). Abweichungen der hieraus hervorgehenden Beziehungen können sich ergeben: durch die Einfuhr ausländischen Getreides, durch besonders günstige Absatzlagen (Gartenkultur in der Nähe der Städte), durch die physikalische Beschaffenheit der Grundstücke (steile Lage, steiniger Boden) u. a. Verhältnisse.

Wie viele andere Dinge der Volkswirtschaft, so stehen auch Bodenrenten und Preise der Bodenerzeugnisse wechselseitig im Verhältnis von Ursache und Folge.

a) Bodenrenten als Ursache der Preise. Da die Nutzung des Bodens einen Bestandteil der Produktionskosten, welche (vgl. 1. Teil II 4) das Minimum der Preise bestimmen, bildet, so muß die Bodenrente, welche mit diesem Nutzungswert übereinstimmt, als eine Ursache der Preise der wirtschaftlichen Erzeugnisse angesehen werden. In diesem Sinne sind die Werte des Bodens und seiner Rente insbesondere bei allen auf Veräußerung gerichteten Aufgaben aufzufassen und festzustellen (vgl. die Formel für den Bestandeskostenwert S. 39).

b) Bodenrente als Folge der Preise. Der auf den Boden entfallende Ertrag ergibt sich, indem alle übrigen Bestandteile der Produktionskosten vom Wert der Erzeugnisse (Rohertrag) in Abzug gebracht werden. Hiernach sind Bodenwert und Bodenrente von allen Verhältnissen abhängig, welche auf den Ertrag von Einfluß sind. Insbesondere ist dies in bezug auf die Preise der Fall. Die Bodenrenten werden daher von den meisten Vertretern der Wirtschaftslehre, im Gegensatz zu Arbeitslöhnen und Kapitalgewinn, als eine Folge der Preise angesehen. „Hohe oder niedrige Löhne und Gewinne sind die Ursachen hoher oder niedriger Preise; hohe oder niedrige Rente ist deren Wirkung" (A. Smith). „Das Getreide steht nicht hoch, weil eine Rente entrichtet wird, sondern es wird eine Rente entrichtet, weil das Getreide hoch steht. . . . Dasjenige Getreide, welches durch die größte Arbeitsmenge erzeugt wurde, ist der Bestimmer der Getreidepreise; die Rente ist auch nicht im mindesten ein Bestandteil der letzteren und kann es auch nicht sein" (Ricardo).

Wird die Bodenrente als eine Folge der Wirtschaftsführung und der diese beeinflussenden äußeren Verhältnisse aufgefaßt, so erscheint sie zunächst, ebenso wie der Bodenwert, als eine unbekannte Größe, die ihren Wert erst durch die Erfolge der Wirtschaft erhält. „Bodenwert und Bodenrenten müssen sich erst aus der Wirtschaft entwickeln" (Helferich, Sendschreiben an Judeich, Forstliche Blätter, 1872).

5. Die Anteilnahme des Bodens an der Gütererzeugung im Verhältnis zu derjenigen von Arbeit und Kapital.

Da an den Ertrag der Bodenkultur beim Fortschreiten der volkswirtschaftlichen Entwickelung zunehmend größere Ansprüche gemacht werden, so muß, damit diesen entsprochen wird, der Boden in steigendem Maße mit Arbeit und Kapital befruchtet werden. Von dem Gesamterzeugnis des Bodens entfällt daher beim Fortschreiten der wirtschaftlichen Kultur ein fortgesetzt größer werdender Anteil auf die Tätigkeit der beiden anderen Produktionsfaktoren; der Anteil des Bodens am Gesamtertrage der nationalen Produktion nimmt ab. Die absolute, quantitative Höhe der Bodenwerte und Bodenrenten nimmt dagegen mit dem Wachstum der Bevölkerung, des Wohlstandes und der Verbesserung der Transportmittel zu. Durch diese Veränderungen wird die Geschichte der Grundrente bestimmt: Auf den früheren wirtschaftlichen Kulturstufen, so lange der Boden im Überfluß vorhanden ist, pflegt die Grundrente niedrig zu stehen oder garnicht vorhanden zu sein (Ricardo, Grundgesetze, 2. Hauptstück). Durch die mit der Zunahme der Bevölkerung und des Wohlstandes wachsende Nachfrage nach Bodenerzeugnissen, die Benutzung der Grundflächen zu Bauplätzen u. a. Wirtschaftszwecken steigt die Rente (Vergleiche verschiedener Nationen: England, Holland, Rußland, Amerika, östliche und westliche Provinzen Preußens; Einfluß der Großstädte, des Handels, der Beförderungsanstalten).

6. Die Bodenrente als Bestimmungsgrund der Bewirtschaftung.

Da der Boden seiner Ausdehnung nach beschränkt ist und in dieser Beziehung durch andere Produktionsfaktoren nicht ersetzt werden kann, so muß das Ziel der Wirtschaft dahin gerichtet werden, die gegebene Bodenfläche möglichst vorteilhaft auszunutzen. Diese Tendenz findet einen allgemeinen Ausdruck in der Forderung, daß ein möglichst hoher Reinertrag — vgl. das unter II 1 Bemerkte —

hervorgebracht werden soll. Wenn auch die Verteilung des Einkommens auf Boden, Arbeit und Kapital aus dem Gang und Erfolg der Wirtschaft nicht immer nachgewiesen werden kann, so bildet doch das Prinzip, einen möglichst hohen Reinertrag des Bodens durch die Wirtschaftsführung zu erzielen, den allgemeinsten Bestimmungsgrund sowohl für die Wahl der Kulturart als auch für die landwirtschaftlichen Betriebssysteme und ihre Ausführung.

III. Der Boden in der Forstwirtschaft.

1. Der Standort des Waldes.

Der Wald war auf den frühesten Stufen der Volkswirtschaft, sofern die natürlichen Bedingungen seiner Entstehung vorlagen, überall im Übermaß vorhanden. Er mußte, damit die ersten Ziele der Wirtschaft (Erzeugung von Nahrungsmitteln) erreicht wurden, ausgerodet werden. In dem Bestreben, den Wald zu verdrängen, sind die meisten Völker zu weit gegangen; der Wald ist vielfach auch da beseitigt worden, wo eine bessere Ausnutzung des Bodens durch andere Kulturarten nicht möglich ist (Beisp.: Die Mittelmeerländer, Ödländereien der östlichen Provinzen Preußens). Bestimmend für den Standort des Waldes sind:

a) Die chemischen und physikalischen Eigenschaften des Bodens. Wegen der geringen Ansprüche der Waldbäume an Bodennährstoffe und Wärme fallen die reicheren Böden und milderen Lagen cet. par. der landwirtschaftlichen Benutzung zu.

b) Die Lage der Grundstücke zu den Wohnorten der Betriebsführer, Arbeiter und Konsumenten. Wegen der geringeren Menge von Arbeit, die mit der Forstwirtschaft verbunden ist, nimmt der Wald vorzugsweise die von jenen entfernt gelegenen Flächen ein.

c) Die Oberflächengestaltung. Der Forstwirtschaft fallen alle Flächen zu, welche sich wegen starker Abdachung, Durchwurzelung, Versteinerung und anderer ungünstiger Verhältnisse mit landwirtschaftlichen Werkzeugen und Maschinen nicht bearbeiten lassen.

2. Bestimmungsgründe für das ökonomische Verhalten des Waldbodens.

Den Maßstab für den Ertrag des forstlich benutzten Bodens bildet das Produkt von Masse und Wert des erzeugten Holzes.

a) Die Holzmasse, welche auf einer gegebenen Fläche erzeugt wird, ausgedrückt nach Raummaß (Festmeter), ist abhängig: vom

Gehalt des Bodens an den zur Bildung des Baumkörpers erforderlichen Stoffen; von den physikalischen Eigenschaften des Bodens, welche das Eindringen und die Tätigkeit der Wurzeln befördern oder hemmen können; von der Lage, welcher eine bestimmte, das Wachstum regelnde Wärmesumme und Wärmeverteilung eigentümlich ist; von der Menge und Beschaffenheit der Vegetationsorgane, welche den gegebenen Luft- und Bodenraum ausnutzen; endlich von dem Gehalt des Holzes an organischer und anorganischer Substanz, zu der die erzeugte Masse cet. par. in umgekehrtem Verhältnis steht.

b) Der Gebrauchswert des Holzes wird durch die Dimensionen und die technischen Eigenschaften bestimmt, welche sich nach seiner formalen und materiellen Beschaffenheit ausgebildet haben. Der Gebrauchswert des Holzes ist gleichfalls von der Summe der durch den Standort und Bestand gegebenen Wachstumsbedingungen abhängig. Der Tauschwert von Holz einer gegebenen Qualität wird außerdem durch alle äußeren volkswirtschaftlichen Verhältnisse (Bevölkerung, Wohlstand, Technik, Transportmittel) beeinflußt, welche zur Forstwirtschaft in Beziehung stehen. Er unterliegt daher mannigfachem Wechsel und kann nur mit zeitlich und räumlich enger Beschränkung in bestimmten Zahlen festgesetzt werden.

3. Die Schätzung des Waldbodens.

Gemäß den angegebenen Bestimmungsgründen der forstlichen Produktion kann die Schätzung des Bodens erfolgen:

a) Nach seinen Eigenschaften, die gutachtlich oder auf Grund chemischer Analysen und physikalischer Untersuchungen nachzuweisen sind. Da gleiche Böden je nach den vorliegenden atmosphärischen Einwirkungen sehr verschiedene Erträge gewähren können, so ist bei der Einschätzung auch stets die Lage, von welcher Wärme und Luftfeuchtigkeit abhängig sind, zu berücksichtigen.

b) Nach der Beschaffenheit des Holzbestandes, in dem sich die Wirkung des Standorts ausgesprochen hat. Den richtigsten Maßstab für die Produktionsfähigkeit des Bodens bildet der Zuwachs, welchen er hervorzubringen vermag. Hierbei kann entweder der Zuwachs einer bestimmten Altersstufe oder der Durchschnittszuwachs an Haubarkeits- und Vornutzungen, der im Laufe der Umtriebszeit erzeugt wird, zugrunde gelegt werden. Bei gleichmäßiger Behandlung der Bestände kann auch die Masse des vorhandenen Holzes als Maßstab der Produktionsfähigkeit dienen.

Der Bonitierung ist stets die Holzart, auf welche sie sich beziehen soll, beizufügen. Die Werte, welche dem Zuwachs zukommen, sind nach Maßgabe der Sortimente und der Preise für zeitlich und örtlich gegebene Wirtschaftsgebiete festzustellen.

4. Die forstliche Bodenrente.

Wie in der Landwirtschaft, so ergibt sich auch bei forstlicher Benutzung des Bodens eine Rente durch den Überschuß, welchen die Kultur des Bodens über die auf ihn gerichteten Aufwendungen an Kapital und Arbeit hervorbringt. Da die ökonomischen Wirkungen von Boden und Kapital in den Erzeugnissen nur in inniger Verbindung miteinander hervortreten, so ist, entsprechend anderen Wirtschaftszweigen, eine scharfe Sonderung zwischen der Rente des Bodens und dem Zins des Holzvorratskapitals aus dem Wertbildungsprozeß der Forstwirtschaft in der Regel nicht bestimmt nachzuweisen.

Im allgemeinen hat die Rente des Waldbodens eine steigende Tendenz. In den Anfängen der Volkswirtschaft pflegt sie garnicht vorhanden zu sein. Der Boden muß deshalb, wie es bei den meisten Ansiedelungen geschieht, der Benutzung als Wald entzogen werden. Später bildet sich unter dem Einfluß der zunehmenden Ansprüche an die Bodenerzeugnisse, die ein Steigen der Holzpreise bewirken, eine Grundrente aus. Ihr Vorhandensein geht, wie bei der landwirtschaftlichen Rente, aus der Verschiedenheit der Werte, die je nach der verschiedenen Ertragsfähigkeit des Bodens und der Entfernung von den Verbrauchsorten erzeugt werden, bestimmt hervor.

Da der Waldboden nur in beschränkter Ausdehnung vorhanden und meist einer anderen Benutzung als zur Holzzucht nicht fähig ist, hat die Regel, daß durch die Wirtschaft ein Maximum des Bodenreinertrags herbeigeführt werden solle, allgemeine Gültigkeit.

Die wichtigsten Mittel, um die forstliche Grundrente zu steigern, liegen:

a) In der Förderung des nachhaltigen Massen- und Wertzuwachses behufs Erzeugung astreiner Schäfte von genügender Stärke, worauf durch Kulturbetrieb, Bestandespflege, Durchforstung und Lichtung hinzuwirken ist.

b) In der Nutzung an solchen Beständen, welche ihren Kapitalwert ungenügend verzinsen.

5. Die Berechnung der Bodenwerte.

Der Wert des Waldbodens kann berechnet werden:

a) Als Kostenwert, der sich nach dem Ankaufspreis plus den etwa aufgewendeten Meliorationskosten ergibt. Da der Boden im großen forstlichen Betriebe nicht Gegenstand des Kaufs und Tausches ist, so kann diese Methode nur selten Anwendung finden. Der Wert, den der Boden für den Waldbesitzer bei der eigenen Bewirtschaftung besitzt, ist ein Erzeugungswert, dessen Eigentümlichkeit am besten durch die Berechnung

b) als Erwartungswert entsprochen wird. Derselbe wird gefunden durch Diskontierung der zu erwartenden Erträge abzüglich der auf den gleichen Zeitpunkt reduzierten Kosten:

$$B_e = \frac{A_u + D_a \cdot 1,op^{u-a} + D_b \cdot 1,op^{u-b} + \ldots - C \cdot 1,op^u}{1,op^u - 1} - v$$

(Formel von Faustmann, Neue Jahrbücher der Forstkunde, 1853).

Diese Formel, mathematisch korrekt hergeleitet, entspricht den Verhältnissen des aussetzenden Betriebs und ist anzuwenden, wenn der Wert für ein aus der Forstwirtschaft ausscheidendes Grundstück nachgewiesen werden soll.

c) Nach den Bodenrenten. Unterstellt man eine aus u Flächeneinheiten und u regelmäßig abgestuften Altersklassen bestehende Wirtschaftseinheit (Normalwald) und bezeichnet man mit A die jährlichen erntekostenfreien Abtriebserträge, mit D die Summe der jährlichen Vorerträge aus Durchforstungen und zufälligen Ergebnissen, mit N das normale Holzvorratskapital, mit c und v die jährlichen Ausgaben für Kultur, Verwaltung, Schutz usw., so ist die jährliche Rente für die Flächeneinheit

$$= \frac{A + D - (c + v) - N \cdot 0,op}{u}$$

Nach der Bodenrente läßt sich bei gegebenem Zinsfuß auch der Wert des Bodens ermitteln. Ein Prolongieren und Diskontieren der Werte der Erträge und Produktionskosten ist hiernach zum Nachweis der Bodenrente und Bodenwerte nicht erforderlich.

Fünfter Abschnitt.

Das Zusammenwirken der Produktionsfaktoren.

I. Die Zunahme der Intensität der Wirtschaft.

Wenn auch unter Umständen neue Sachgüter und Werterhöhungen vorhandener Sachgüter ohne Mitwirkung von Arbeit und Kapital herbeigeführt werden können, so ist doch in der Regel das Zusammenwirken aller vier Produktionsfaktoren dazu erforderlich. Das Verhältnis, in welchem dieselben an der Produktion teilnehmen, ist zunächst nach der Art der betreffenden Sachgüter verschieden. An umlaufendem Kapital wird im allgemeinen um so mehr aufgewendet, je weiter die Verarbeitung der Produkte fortgeschritten ist (Fabriken im Verhältnis zur Bodenkultur). Aber auch bei denselben Produkten ist das Verhältnis der Produktionsfaktoren kein gleichbleibendes. Bis zu einem gewissen Grade können dieselben einander ersetzen. Für das Verhältnis, in welchem Arbeit, Kapital und Boden zur Anwendung kommen, gilt die allgemeine Regel, daß die Erzeugung der Produkte mit einem Minimum an Gesamtkosten erfolgen soll. Da der Boden im Verhältnis zur Bevölkerung seltener und deshalb teurer wird, während Arbeit und Kapital einer unbegrenzten Vermehrung fähig sind, so muß beim Forschritt der Volkswirtschaft am Boden mehr gespart und die Mehrung der Produktion durch die Wirkung der anderen Faktoren herbeigeführt werden. In den frühesten Perioden der Volkswirtschaft (bei Jäger- und Hirtenvölkern) sind hiernach Naturkraft und Boden die vorherrschenden Produktionsfaktoren. Die mittleren Perioden sind durch das Vorwiegen der Arbeit gekennzeichnet; später wird das Kapital von zunehmender Bedeutung (Fr. List, Nationales System, Einleitung).

1. Landwirtschaft.

Die Regel zunehmender Intensität bestimmt die Geschichte und die tatsächliche Betriebsführung der Landwirtschaft. Auf den ersten Stufen der Landwirtschaft, bei dünner Bevölkerung und geringem Kapital, herrschen extensive Betriebssysteme vor, welche zur Erzeugung von Lebensmitteln den Boden fast ausschließlich wirksam sein lassen (oberflächliche Bodenbearbeitung ohne Düngung, Vorherrschen der Weide, Verbindung von Ackerbau und Weide). Wenn mit dem Wachstum der Bevölkerung und des Wohlstandes größere Ansprüche an die Erträge der Landwirtschaft gestellt werden, so muß der Boden in zunehmendem Maße mit Arbeit und Kapital befruchtet werden. Demgemäß entstehen die intensiveren Systeme (Fruchtwechselwirtschaft verschiedener Stufen mit intensiverer Bearbeitung und Düngung; Anwendung von Maschinen; Gartenkultur in der Nähe der Großstädte). Wie die verschiedenen landwirtschaftlichen Betriebssysteme nacheinander entstanden sind, so bestehen sie in Ländern, die in bezug auf ihre Bevölkerungsdichte und ihre wirtschaftliche Entwickelung verschieden sind, gleichzeitig nebeneinander (Belgien, Holland, England im Gegensatz zu Rußland und Irland; die östlichen und westlichen Gebiete Preußens; Umgebungen der Großstädte u. a.). Das intensivere System ist nicht immer als das richtigere oder bessere anzusehen. Maßgebend für die Wirtschaftsführung ist nicht der Rohertrag des Bodens, welcher bei jeder intensiveren Wirtschaft größer wird, sondern sein Reinertrag („über den dauernden Anbau des Bodens entscheidet nicht die Größe der Gutsrente, sondern allein die Größe der Bodenrente"; v. Thünen, Der isolierte Staat). Durch eine zu starke Anwendung von Arbeit und Kapital kann die Bodenrente vermindert werden. Im allgemeinen nimmt aber beim ungestörten Fortschritt der volkswirtschaftlichen Kultur die Intensität des landwirtschaftlichen Betriebes stetig zu („es liegt im unzweifelhaften Interesse der Landwirte, beim Fortschreiten der ganzen Volkswirtschaft immer mehr an Grundstücken zu sparen und verstärkte Kapital- und Arbeitsaufwendungen dafür als Surrogat zu benutzen m. a. W. ihren Ackerbau immer intensiver zu gestalten"; Roscher).

2. Forstwirtschaft.

Auch für die Forstwirtschaft muß die Regel Anwendung finden, daß sie beim Fortschreiten der volkswirtschaftlichen Kultur intensiver gestaltet werden muß. Diese Regel gilt nicht nur bezüglich der Arbeit (Kultur, Verwaltung, Bestandespflege) und des von außen in den Wald eingeführten Kapitals (Werkzeuge des Fällungs- und Kulturbetriebs, Wegebau und Eisenbahnanlagen), sondern auch bezüglich des Holzvorrats, der bei einem nachhaltigen Betriebe unterhalten werden muß. Wie in der Landwirtschaft so findet auch in der Forstwirtschaft die Zunahme der Intensität ihre Begründung in der Abnahme des vom Walde eingenommenen Bodens, in dem Mehrbedarf der Bevölkerung an Forstprodukten (namentlich starker Hölzer) und in dem Sinken des Zinsfußes.

II. Die Produktionskosten der Wirtschaftsgüter.

1. Im allgemeinen.

Die Anteilnahme der drei Produktionsfaktoren: Arbeit, Kapital und Boden an der Erzeugung der Sachgüter, ausgedrückt im üblichen Maßstab der Tauschwerte (Edelmetall), bildet die Produktionskosten der Wirtschaft. Sie sind je nach dem Wirtschaftssubjekt und Wirtschaftsobjekt, zu dem sie in direkte Beziehung gesetzt werden, einer verschiedenen Auffassung fähig. Man unterscheidet in der erstgenannten Richtung:

a) Volkswirtschaftliche Produktionskosten. Unter ihnen werden nur solche Aufwendungen verstanden, welche dem Volksvermögen unmittelbar entzogen werden, wodurch dieses eine direkte Verminderung erleidet. Es gehören hierher (vgl. Roscher, Grundlagen der Nationalökonomie, § 146):

1. alle zum Zwecke der Produktion genußlos verbrauchten Stoffe (Verwandlungsstoffe der Handwerke und Fabriken, Sämereien der Landwirtschaft u. a.);
2. alle Güter (Rohstoffe, Waren, Geld u. a.), welche durch den auswärtigen Handel ausgeführt werden;
3. die Abnutzung der zur Produktion verwandten stehenden Kapitalien.

b) Privatwirtschaftliche Produktionskosten. Zu ihnen gehören außer den unter a genannten Kosten sämtliche direkten oder indirekten Aufwendungen an Arbeitslöhnen, Kapitalzinsen und Grundrenten.

Durch den Abzug der Produktionskosten vom Rohertrag ergibt sich der Reinertrag. Gemäß den vorstehenden Begriffen kann auch ein volkswirtschaftlicher und privatwirtschaftlicher Reinertrag unterschieden werden.

Aus der Verschiedenheit der angegebenen Begriffe können für eine soziale und privatökonomische Wirtschaftsführung gegensätzliche Folgerungen von allgemeiner und prinzipieller Bedeutung nicht abgeleitet werden. Vom Standpunkt des ganzen Volkes, den die Regierungen einzuhalten haben, ist nicht der höchste Reinertrag einzelner Wirtschaftszweige (Industrie, Handel, Landwirtschaft, Forstwirtschaft), sondern ein möglichst hoher Reinertrag aus der Summe aller Wirtschaftszweige oder ein möglichst hohes nationales Gesamteinkommen anzustreben.

Die in den verschiedenen Wirtschaftszweigen tätigen Produktionsfaktoren treten miteinander in Konkurrenz. Die Steigerung des volkswirtschaftlichen Reinertrags einzelner Wirtschaftszweige erscheint nur insoweit richtig, als sie nicht mit der Verhinderung eines höheren Reinertrags in anderen Betrieben verbunden ist. Diese indirekte Würdigung der Leistung der Produktionsfaktoren führt dahin, daß auch vom volkswirtschaftlichen Standpunkt alle in Arbeitslöhnen, Kapitalzinsen und Grundrenten bestehenden Aufwendungen in Berücksichtigung gezogen werden müssen.

2. In der Forstwirtschaft.

Werden nur die volkswirtschaftlichen Produktionskosten in Rechnung gestellt, so erscheint fast der ganze forstliche Zuwachs, der im Wege der Haubarkeits- und Vornutzungen gewonnen wird, als volkswirtschaftlicher Reinertrag. Nur die Pflanzen und Sämereien, welche mit ihrer Substanz in das Holz übergehen, sind nach der unter 1 angegebenen Definition von demselben in Abzug zu bringen. Mit Rücksicht auf die Verschiedenheit der genannten Begriffe ist von manchen Vertretern der Nationalökonomie[1]), der forstlichen Literatur[2]) und der praktischen Forstwirtschaft[3]) die Ansicht vertreten worden, es bestehe in der Forstwirtschaft ein besonderes gemeinwirtschaftliches (sozialistisches, staatswirtschaftliches) Prinzip, welches nur die volkswirtschaftlichen Produktionskosten zu berücksichtigen habe, im Gegensatz zu einem privatökonomischen, nach welchem alle Produktionskosten als negative Bestandteile des Ertrags anzusehen sind. Nach der unter 1 angegebenen Begründung müssen in allen Waldungen ohne Unterschied nach den Eigentumsverhältnissen sämtliche in Arbeitslohn, Kapitalzinsen und Grundrenten bestehenden Produktionskosten in Rechnung gestellt oder der gutachtlichen Berücksichtigung unterzogen werden. Die tatsächlichen Unterschiede, die im Zustand der Waldungen nach den Eigentumsverhältnissen bestehen, sind (abgesehen von der schlechten Wirtschaftsführung vieler zur Forstwirtschaft nicht geeigneter Privatforstbesitzer) auf die geschichtliche Entwickelung der Waldungen, auf

---

[1]) Helferich, Die Waldrente, Zeitschrift für die gesamte Staatswissenschaft, 1867 u. 1871; Schaeffle, daselbst, 1879.

[2]) Borggreve, Die Forstabschätzung (Zuwachs u. Umtrieb).

[3]) Am entschiedensten von der französischen Staatsforstverwaltung.

den Charakter und die Vermögensverhältnisse der Eigentümer, die Lage der Waldungen zu den Absatzorten und die polizeilichen Aufgaben des Staates zurückzuführen.

Mit Rücksicht auf das Objekt, zu dem der Reinertrag in Beziehung gesetzt wird, ist zu unterscheiden:

a) Der Waldreinertrag. Zum Nachweis desselben werden nur die in die Wirtschaft eingeführten Aufwendungen an Arbeit (Kultur, Wegebau, Verwaltung, Schutz usw.), welche zum Zwecke der Holzerzeugung jährlich oder periodisch gemacht werden, vom Rohertrag abgezogen, während auf die Höhe und Verzinsung des Vorratskapitals, welches zur nachhaltigen Betriebsführung unterhalten werden muß, keine Rücksicht genommen wird.

b) Der Bodenreinertrag. Das charakteristische Merkmal für die Wirtschaft des größten Bodenreinertrags besteht darin, daß der Holzvorrat als Betriebskapital aufgefaßt wird. Demgemäß werden auch die Zinsen desselben als negative Elemente aufgefaßt und zur Darstellung des Bodenreinertrags mit den übrigen Produktionskosten vom Ertrag abgezogen.

c) Unternehmergewinn. Zu seiner Darstellung werden auch die Zinsen des Bodens als Bestandteile der Produktionskosten angesehen und in gleicher Weise wie die Zinsen des Vorratskapitals behandelt[1]).

Zu a. In der Form des Waldreinertrags werden die Resultate der praktischen Wirtschaft in der Regel dargestellt. Wenn auch nach vielen Richtungen der Wald als ein einheitliches Ganzes betrachtet werden muß und ein anderer Reinertrag als der auf den Wald bezügliche im Einzelfall oft garnicht nachgewiesen werden kann, so ist doch die auf ein Maximum des Waldreinertrags gerichtete Theorie, welche bei konsequenter Anwendung zu außerordentlich hohen Umtriebszeiten führt, weder richtig noch ausreichend, weil dabei auf die Höhe des zu unterhaltenden Betriebskapitals keine Rücksicht genommen wird. Die Waldreinertragslehre verhält sich ferner inkonsequent in bezug auf die Behandlung der beiden Produktionsfaktoren: Kapital und Arbeit. Richtiger erscheint nach dieser Richtung die Wirtschaft der größten Werterzeugung oder des größten volkswirtschaftlichen Reinertrags, bei welcher Arbeit und Kapital übereinstimmend behandelt werden.

---

[1]) Lit.: G. Heyer, Handbuch der forstlichen Statik, 1. Abschnitt, I.

Zu b. Obwohl der Bodenreinertrag wegen seines Zusammenhangs mit anderen Bestandteilen des Ertrags und wegen der Schwankungen des Zinsfußes im konkreten Fall oft nicht in bestimmter Fassung nachgewiesen werden kann, so ist doch das ihm eigentümliche Prinzip uneingeschränkt richtig. Dasselbe hat in allen Wirtschaftszweigen Gültigkeit, sowohl für die Art der Benutzung des Bodens (Bauplatz, Garten, Wiese, Acker, Weide, Wald), als auch für die Art der Betriebsführung innerhalb der verschiedenen Kulturzweige. Gegensätze praktischer Natur, die zu den Folgerungen der Bodenreinertragslehre aufgestellt werden, haben nur eine zeitliche, keine allgemeine bleibende Bedeutung und müssen durch besondere Verhältnisse (Natur des Vorratskapitals, vgl. S. 37) begründet werden.

Zu c. Da die Forstwirtschaft wegen ihrer langen Produktionszeit sowie aus ökonomischen und forstpolitischen Gründen zu Spekulationen ungeeignet ist, so kann auch der aus dem Gewerbsleben entlehnte Begriff des Unternehmergewinns beim forstlichen Großbetriebe keine Anwendung finden. Die Differenz zwischen Bodenerwartungswert und Bodenkostenwert, welche — vgl. G. Heyer a. a. O. S. 20 — den Unternehmergewinn bestimmt, ist in der Regel nicht nachweisbar, weil ein Bodenkostenwert für die Forstwirtschaft im großen nicht vorliegt. Im Gegensatz zum Vorrat, dessen Höhe und Beschaffenheit durch die Bestimmungen der Forsteinrichtung geregelt werden soll, ist der Boden nach seiner Ausdehnung gegeben; er unterliegt der Konkurrenz mit der Verwendung zu andern Kulturarten (Wiese, Ackerland) daher nur in sehr beschränktem Maße. Sofern aber die Möglichkeit der Anwendung verschiedener Kulturarten vorliegt, ist diejenige zu wählen, welche den höchsten Bodenreinertrag erwarten läßt.

Die Forderung, daß in der Forstwirtschaft sämtliche in Arbeitslohn, Kapitalzinsen und Grundrenten bestehende Produktionskosten zu berücksichtigen sind, erstreckt sich auf alle Waldungen. Die Unterschiede der zukünftigen Wirtschaftsführung nach den Eigentumsverhältnissen müssen durch die Wahl des Zinsfußes (welcher nicht nur nach der Holzart, sondern auch nach der Größe der Wirtschaft, dem Charakter der Eigentümer und seinem Interesse an der Zukunft verschieden ist), durch technische Verhältnisse (Art der Schlagführung, Hiebsfolge, Verhältnisse des Forstschutzes) und die dem Staate obliegenden polizeilichen Aufgaben begründet werden. Bis zu einem gewissen Grade erstreckt sich die staatliche Politik auf die Gesamtheit der Waldungen eines Landes. Es liegt jedoch in der Natur der Sache, daß politische Maßnahmen jeder Art in den staatlichen Waldungen am entschiedensten zur Durchführung gelangen können. Die in dieser Richtung in Betracht kommenden Aufgaben erstrecken sich nicht nur auf die physischen Zustände eines Landes (Schutzwald), sondern auch auf die nachhaltige Befriedigung des Volkes an Forstprodukten.

Die vorstehend angedeuteten Verhältnisse führen in der Regel dazu, daß die Bewirtschaftung der Staatsforsten einen konservativeren Charakter trägt, als diejenige von Gemeinde- und Privatforsten. Ein Gegensatz gegen die Forderung, daß alle Produktionskosten bei der Betriebsregelung zu berücksichtigen sind, wird hiermit aber nicht ausgesprochen. Vielmehr ist es, entsprechend den Verhältnissen in anderen Wirtschaftszweigen, wahrscheinlich, daß diejenigen Sortimente, welche für die Zukunft am unentbehrlichsten sind, im Verhältnis zu ihren Produktionskosten am besten bezahlt werden.